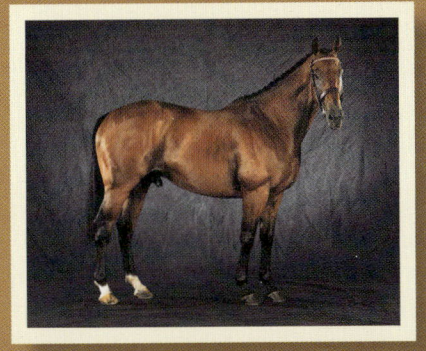

# 世界の美しい馬
*Beautiful Horses*

---

チャンピオン馬のポートレートと特長

# 世界の美しい馬
*Beautiful Horses*

チャンピオン馬のポートレートと特長

文 / リズ・ライト

写真 / アンドリュー・ペリス

監修 / 小宮輝之

グラフィック社

BEAUTIFUL HORSES

Copyright © 2013 by Ivy Press Limited

All rights reserved. No part of this publication may be reproduced, stored in a retrieval system or transmitted, in any form, or by any means, electronic, mechanical, photocopying, recording or otherwise, without either prior permission in writing from the publisher or a licence permitting restricted copying. In the United Kingdom, such licences are issued by the Copyright Licensing Agency, Saffron House, 6–10 Kirby Street, London EC1N 8TS, UK.

British Library Cataloguing in Publication Data
A catalogue record for this book is available from the British Library
This book was conceived, designed and produced
by Ivy Press
210 High Street, Lewes, East Sussex, BN7 2NS, UK

Creative Director : Peter Bridgewater
Publisher : Susan Kelly
Art Director : Wayne Blades
Senior Editors : Jayne Ansell & Jacqui Sayers
Designer : Ginny Zeal
Photographer : Andrew Perris
Illustrator : David Anstey

This Japanese edition was produced and published in Japan in 2015
by Graphic-sha Publishing Co., Ltd.
1-14-17 Kudankita, Chiyodaku,
Tokyo 102-0073, Japan

Japanese translation © 2015 Graphic-sha Publishing Co., Ltd.

Japanese edition creative staff
Editorial supervisor : Teruyuki Komiya
Translation : Ayako Ishida
Text layout and cover design : Ritsuko Abe (Bonjour Design)
Editor : Masayo Tsurudome
Publishing coordinator : Takako Motoki (Graphic-sha Publishing Co., Ltd.)

ISBN 978-4-7661-2790-4 C0045
Printed in China

# 目次
*Contents*

序章 7

馬たち 14

ルポルタージュ 96

用語解説 110

ホース・ショー情報 110

関連協会 111

インデックス 112

# 序章

　何千年にもわたって文明社会の中で大きな役割を果たし、人々の最良の友であり続ける馬たち。荷物を運ぶために使われていた時代から、軍馬へと品種改良され、また使役馬として大活躍していた近代まで、馬は人類の発展の歴史においてとてつもなく重要な位置を占めてきました。産業化が進み、かつて馬が伝統的に担ってきた役割の多くは機械に取って代わられましたが、地域によっては今でも働く動物として頼りにされています。

　そうした実用的な繋がりだけではなく、馬は人々のレジャーやスポーツのパートナーでもあり続けています。競馬は何千年も前から行われており、障害飛越競技、総合馬術競技（イベンティング）、馬場馬術（ドレッサージュ）などが競技種目として既に定着しています。また、ホースボールなどの新しいスポーツも誕生し、人気を集めています。現在、多種多様な品種がありますが、それぞれの競技に最適な馬がいるということです。例えば、小柄でがっしりとしたシェトランド・ポニーは障害馬車競技に適した種で、息を飲むスピードで駆け抜けるサラブレッドは競走馬として非常に高い人気を誇っています。

　品種によって特徴は大きく異なりますが、1点、共通しているのは、どの馬もみな、美しいということです。入念に手入れをしてもらった馬たちがアリーナに登場し、脚光を浴びながら審査を受けるチャンピオンシップ・ショーは、それぞれの品種の美しさとユニークな性質を讃えるイベントです。本書の写真家アンドリュー・ペリスはこうした大会に出かけ、馬たちの気迫と優美さがあふれる見事な瞬間をとらえてきました。

　それぞれのポートレート写真に、品種の特徴と性質、改良のプロセス、他の品種との関係、そして過去から現在にかけて人間の生活にどのように関わってきたのか、簡潔なデータをそえました。どの地域にルーツを持ち、現在、世界のどこまで分布が広がっているのか、原産地・分布情報もチェックできます。

　ページをめくると、さまざまな体型、サイズ、毛色をした馬が登場します。オーナーたちが誇りとしている馬たちです。人間社会の移り変わりの中で、その実用性は大きく変化してしまいました。それでも、今なお、多くの人々が生涯を捧げて馬の世話をし、愛情を注いでいるのですから、この美しい動物の未来が明るいことに疑いの余地はありません。

人類と馬の関係は何千年も前に始まり、今も良好に続いています。

# 文明と馬

人間と馬の関係には非常に長い歴史があります。4000年にわたって馬はパワーとスピードの供給源であり、強さを象徴する存在であり続けてきました。今から約5500万年前に生息していた馬の祖先であるエオヒップスは、今のノウサギほどの大きさで、それが長い時間の経過の中で進化し、現在の馬の姿となったのです。

現在生息している馬の源流は、それぞれの生息環境に適応しながら進化した、まったく性質の異なる3タイプの馬だと考えられています。紀元前2500年頃に描かれた世界各地の壁画を見ると、この馬たちがどんな姿をしていたのかが分かります。その1つは、「草原型」として知られ、現在も飼育下で生存するモウコノウマという和名のアジアの野生種プルツワルスキー馬です。2つ目は、北ヨーロッパ原産の動きがゆったりとした重種タイプの「森林型」、3つ目は、東ヨーロッパ原産のほっそりとしたタルパンに代表される「高原型」です。

最初に馬を家畜化したのは遊牧民だといわれており、乗るためではなく、荷物を運ぶため、そして食用だったようです。紀元前2000年のメソポタミアで馬が二輪戦車に使われていたことが文字と絵に残されていて、馬の利用についての最古の記録の1つと見なされています。馬の飼育についての最初の記録を残したのはアッシリア人でした。重い甲冑を着込んだ戦士を乗せて走ることが可能な、強靭な馬を育てなければならなかったのです。より大きく、より強い馬を創る挑戦がここに始まったのです。そして紀元前5世紀のペルシャでは、現在のアラブ種の祖先と考えられる馬が既に飼育されるようになっていました。

さらに大きなサイズの馬を創る挑戦は続き、3世紀後半になると、現在のヨーロッパ北東部に住んでいたゴート族などが、森林型の品種を改良して重種の軍馬を創るようになります。ローマ帝国の時代には、軍事やスポーツ、荷車に馬を使うことが既に一般的になっていました。軍隊が各国独自の馬を従えて国境を越え、大陸を横断するようになり、各地の在来種は交配により変化していきます。

軍用以外にも、狩猟や運搬、農耕において重要な役割を果たしてきた馬は、19世紀の初め、家畜としての生息数がピークを迎えます。その後、機械化が進んでからは、スポーツやレジャーのパートナーとして、また、人々の心のよりどころとして新しい立場を築いています。

ユネスコ世界遺産に登録されているインドのビンベトカ洞窟の壁画には、馬に乗って狩りをする人間の姿が描かれています。

# 品種改良の歩み

人間が大量の馬を飼い、軍事に利用し始めると、さまざまな品種が開発されるようになりました。品種とは、本来、人間の必要に応じて生じ、成立したものです。在来馬が頑健な体格をしているのは、その生息環境の中で巧みに生存するためであり、また人間は、強さやスピード、エレガントさなど、その用途によって馬の特徴をさらに改良しようとします。現在、既にほとんどの馬の品種標準が確立されていますが、スポーツやレジャーなどにおける必要条件の変化にあわせて、今なお品種改良は続けられています。

20世紀後半になると、「温血種」の人気が高まります。輓馬(ばんば)タイプの馬とサラブレッドを交配し、運動力があり、勇敢でスタミナのある無敵のスポーツ馬を創ろうとしたのです。同じ頃、ショー・ポニー系種の血統書が発行されました。もともとこの種は、ショーで見栄えのする、子供向けの乗用ポニーを創ろうと、在来馬をアラブや小柄なサラブレッドと交配して生まれたものです。さらに近年では、カラード・ホースと呼ばれる毛色に特徴のある馬が、バナーやトラディショナル・ジプシー・コブといったタイプに細別されています。現在、ブリーダーたちは、このカラード・ホースをサラブレッドと交配し、障害飛越競技や馬場馬術をハイレベルにこなす力を備えた品種を創り出そうとしています。

世界には、それぞれの生息環境に適応しながら発達し、また人間の必要性から改良された数多くの品種の馬がいます。例えば、フィヨルド・ポニーは、バイキング時代以前からノルウェーに棲んでいるといわれています。山間部で生息してきた頑強な体の持ち主で、荷物を運ぶのに最適な品種です。ハノーバーの誕生はもっと近年のことで、ハノーバー朝第二代イギリス国王であるジョージ2世が、1735年に州立の種馬飼育場を設立したことから生み出された品種です。地元の人々に良質の種馬を与えたいと考えたジョージ2世は、まずホルスタインを、後にサラブレッドを導入し、この優れた競技用馬を創りあげたのです。

ブリーダーたちが目指すゴールは、野生種の頑強さや輓馬(ばんば)のパワー、アラブ種の耐久力など、昔ながらの資質を維持しながら、新しい需要に応えていくことです。馬種改良協会やホース・ショーは、こうした基準の強化に努め、最高の馬を創り出すことを奨励しています。

馬の発展や品種改良、そして交配の結果、現在のパワフルで美しく華麗な馬が生まれたのです。

# 品種標準

品種標準とは、それぞれの品種の特徴を明確にしたものです。これをもとにブリーダーはどの馬を交配するかを決め、標準をみたす家畜の生産、そしてさらに優れた馬を創り出すことを目指します。各国の馬種改良協会によって制定されているケースが多く、古い品種ほど標準項目が長くなります。標準内容を決定するのは、経験豊かなブリーダーやショーの審査員たちです。

標準が示すのは、その品種の姿かたちです。例えば、体高（シェトランド・ポニーは体高107センチ、または10.2ハンド以下でなければならない）、頭部（エクスムア・ポニーは突出した大きな目をしていて、左右の目の間が広く、その周囲は薄い色の毛で縁取られている）、そして毛色（ハフリンガーのたてがみと尾は亜麻色でなければならない）などが含まれています。

近年改良された品種の標準は、その品種が生み出された目的も明らかにしています。例えば、ショー用の乗用馬は、息を飲むような気品を携えていなければなりませんが、モルガンにいたっては、品種の特性に「モルガンの美しさは人を高揚させる。人々を喜ばすために存在する品種であり、それがモルガンの使命なのだ」という記述が含まれているほどです。

ホース・ショーの混合クラスなどで異なる品種が審査の対象となる場合、他種の馬との比較ではなく、それぞれの品種の標準が審査の物差しになります。その品種の原産国が統一標準を告示することが多いのですが、それぞれの国の馬種改良協会が標準を設置するため、同じ品種でも国によって標準が異なる場合もあります。

品種標準を維持し、また必要に応じて改正をするのは非常に重要な任務です。例えば、栄養摂取状況がよくなり、また、もっと大きな乗馬用ポニーを求める声が高まっていることから、在来馬の体高標準を引きあげようとする場合、その変化によって頑強さが失われるなど、そのポニーの特性に影響が出ないか、しっかりと考慮することが必要です。馬の用途が刻々と変化する中、どの品種もこうした標準改正の問題を抱えています。かつてはショーや競技会場まで馬が自分で何キロも走って出かけていたのが、20世紀に入り、車で輸送されるようになりました。ということは、スタミナは以前ほどには重要なポイントではないのでしょうか？

標準の決定に関わることができるのはトップクラスの専門家とブリーダーたちだけです。彼らによって決定されたことが、遠い未来にまで影響をもたらすのです。ホース・ショーはブリーダーたちが手塩にかけて育てた品種を披露する「ショー・ウインドウ」であり、こうした品種標準の動向に大きな役割を果たしています。

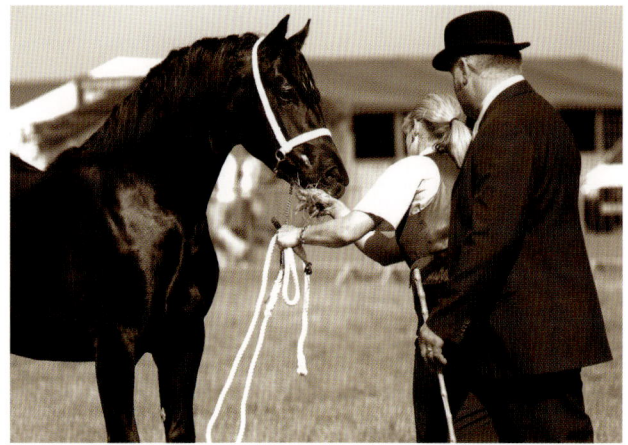
品種標準は馬種改良協会によって決定されます。経験豊かな審査員はショーで1種あるいは数種の審査を行うことが認められています。

# チャンピオンシップ・ショー

オーナーやブリーダーたちがご自慢の馬を最高の状態で披露し、専門家による審査を受けるのがチャンピオンシップ・ショーです。農業革命後、19世紀初頭のイギリスでは農業展示会が各地で開催されるようになり、農耕用、そして後には輓馬にベストな品種を選出しようと農用馬のクラス区分が設立されます。

農業展示会の人気は沸騰し、1800年代の後半になるとクラス区分はさらに増え、受賞者と受賞馬に賞金が出るようになります。1930年代にはポニー部門が導入され、在来馬の価値が広く人々に認識され始めます。1950年代半ばなるとポニーズ・オブ・ブリテンなどの新しい協会が設立され、非常に幅広いクラス区分がされるようになり、それぞれの審査基準によるショーを開催し、権威ある賞へと発展していきます。

こうしたチャンピオンシップ・ショーの勢いはとまることなく、世界中でさらに大規模なイベントが数多く開催されるようになります。ドイツのブリーダーとファンたちは馬のパフォーマンスを非常に重視します。エッセンで開かれる世界最大級の乗馬スポーツ国際見本市・エクイターナの牡馬ショーでは、一流の温血種と乗馬用ポニーの種牡馬（既に認定されたものと将来を期待されるもの）が5000人もの観衆の前で演技をします。アメリカでは、州が主催する共進会で、全品種の馬と乗用馬のクラス別審査が行われています。他国からの輸入、またニーズにあわせた新しい品種の誕生で、世界中のショーで審査クラスの総数が増え続けています。

チャンピオンシップ・ショーには参加基準があり、出陣者たちは品種標準を満たす馬を生産するだけではなく、最高の状態でアリーナに登場し、美しさを披露することができる馬を創り出さなければなりません。それができるように高いレベルまで調教を重ねることが、馬にとっても調教師にとっても重要です。騎手、あるいは調教師に従順である以外にも、観客の存在やフラッシュ・ライトや騒音に動揺しないように訓練されていなければなりません。

品種標準を最高レベルで維持させるのは、たやすい仕事ではありませんが、チャンピオンシップ・ショーへの参加は、オーナーとブリーダーにとって喜びであり、馬を愛する人々との交流の場でもあるのです。

入念に手入れされた美しい連銭芦毛の馬体と編み込まれたたてがみ。こうして騎手の完璧なパートナーができあがります。

# ショーへの準備

ショーが開催される数週間あるいは数か月前までに、ブリーダーとオーナーはどの馬をエントリーさせるかを決めなければなりません。そして出陳するのにベストな馬を選ぶと、ショーでお披露目するための準備にとりかかります。

騎手が乗るのではなく手綱で引かれた状態で審査される、イン・ハンド部門に参加する場合、馬を最高のコンディションで披露するために、周到な準備が必要です。何週間にもわたって最適な飼料を与え、手入れをし、運動をさせて、賞を獲得するスターを創り出すのです。調教場ではトレーニングが根気よく行われます。その品種の基準に即した正しい位置に4本の脚をそろえて立つ。指示に従って速歩をする。リラックスしながらエレガントに並足をする。これらすべてが審査員による検査をパスするための必要事項なのです。調教師は馬のよさを巧みに前面に出す方法を見いだし、自分の馬が他のどの馬よりも優れていると信じ、プライドと技をもって披露するのです。また、馬と並んで走るため、馬が歩調をきちんと提示できるよう、調教師自身もよいコンディションでショーに挑まなければなりません。

ショーの日が近づいてくると、馬の手入れに熱がこもってきます。品種標準の細則に従って、馬につけるヘッドウエアを選びます。ウェルシュ・コブの雌には真っ白な端綱をつけるのが決まりで、重種馬には華やかで重厚なコーディネートを、狩猟馬にはシンプルかつ華麗で清潔な編み込みをし、ショー用ポニーと乗用馬には、きらびやかな額革をつけることになっています。

ショーの前日には、馬の体を隅々まで入念に洗います。出陳者はそれぞれ独自の方法で、四肢の白い部分を完璧に磨きあげ、白い尾は光沢が出るように特別な手入れをし、美しく磨きあげた体が汚れてしまわないように、前夜は毛布やフードをかぶせておきます。そして緊急用手入れセットを用意し、牧草のしみなどの汚れがついていたら落とし、最後の仕上げをします。

目の輪郭を強調し、毛並みの美しさや光沢を際立たせるために、ローションを使うこともあります。品種によっては、たてがみと尾を編み込むことが標準に含まれていて、その編み込み数によって首を長く見せたり、短く見せたりすることもできます。夜に開催されるチャンピオンシップ・ショーでは、光沢剤入りのローションやジェルが使われることもあり、照明のライトを浴びてキラキラと、まるでおとぎ話の世界から抜け出してきたような美しさを演出します。

馬の誇りであるたてがみ。編み込み方によって、馬の首を長くも、短くも見せることができます。

# 審査員の視点

ショー会場にはいくつかのリングが作られ、それぞれにおいて数クラスの審査が1日かけて行われます。役馬、狩猟馬、ポニー、あるいはスタイルといったクラスの審査が行われるリングには飛越用の障害が置かれ、馬場馬術が行われるリングでは、競技に適したレイアウトがされます。それぞれのリングに担当スチュアードが配置され、各クラスの専門家である審査員が審査にあたります。

審査員はリングに足を踏み入れた瞬間から、担当クラスの審査の進行を務め、その指示に従ってショーは行われます。品種標準に即して、それぞれのクラスがそれぞれの方法によって審査されます。当然のことですが、審査員は参加競技者の何を観察し、何を評価すべきかを把握していなければならず、審査対象となる品種の標準を熟知している必要があります。ショーにエントリーする人たちは、自分の馬を適切な状態で披露し、適切な審査をしてもらえるように心がけなければいけません。もし、馬が動揺し、常歩や速歩をしなければ、その馬をきちんと評価することは不可能だからです。

若い牡馬などのクラスでは、馬の快活さや意気込みも考慮されます。しかし、標準に即した歩調で走り、立てることが審査の前提となります。

イン・ハンド部門の典型的な審査の流れを紹介します。まず、エントリーした馬たちにリング内を歩かせ、その姿を観察。体の動きや特徴をチェックします。それから1体ずつ審査し、その品種として、どれくらいのレベルの個体であるかを判断します。その後、もう1度、馬のパフォーマンス力を審査します。調教師に導かれ、速歩する様子を、後ろ姿を含めて観察します。これによって馬の動きをすべての角度から評価できるのです。審査員によっては、ここでもう1度、歩き回りながらエントリー馬たちをチェックします。順位を決定し、その順番に馬を整列させます。そして優勝馬を先頭に参加馬がリングを華麗に速歩し、審査は終わります。

乗馬部門の審査では、馬の騎手への従順性と動きが重視されます。狩猟馬はすべての歩様が審査基準に入っていますが、特に美しい襲歩ができるかどうかが決め手となり、子供用ポニーの場合は、マナーのよさがポイントとなります。鞍馬（ばんば）クラスでは、馬が常に騎乗者の指示に従っているかがチェックされます。

どのクラスにおいても、エントリーした馬たちは、熟練した専門家の鋭い視線で細部まで審査されるのです。

イギリスでは1等の馬に赤のロゼットが贈られますが、アメリカでは青のロゼットが優勝馬を飾り、赤いロゼットは2等の印です。

# 馬たち
## The Horses

美しい馬たちを紹介するゴージャスなギャラリーへ、ようこそ。アマチュアの愛馬家も馬の専門家も、お好きなペースでお進みください。くれぐれも慌てて駈歩(かけあし)などしないようにお願いします。ページをめくり、馬たちを自由に走らせ、40種の馬たちを1頭1頭、近くでじっくりと審査してください。

# シャイアー
### SHIRE
騸馬(せん ば)

巨大で穏やかな重種の輓馬(ばんば)として知られるシャイアーは、中世ヨーロッパで甲冑を着込んだ騎士を乗せるために創られたグレート・ホースにルーツを持つといわれています。たてがみと尾を伝統的なスタイルに編み込まれ、ハーネス（馬車用馬具）をつけて、あるいはイン・ハンドでショー・リングにしばしばお目見えします。編み込みをするのは、もともと、牽引する荷車などに、馬の毛が巻き込まれるのを阻止するための手段でした。

## 特徴
肢端に生えている長い毛である距毛(きょもう)が豊かで、ショーに出る時は美しく清潔に手入れがされます。毛色は青毛、青鹿毛、鹿毛、芦毛で、特に濃い色合いは、ヨーロッパ大陸にルーツを持つ証です。体重が1トンになることもあります。

## 用途
体が大きく、力が強く、スタミナがあるため、農用馬として、そして都市部では輓馬(ばんば)として活躍してきました。ビール樽を積んだ大型の荷馬車や石炭を積んだワゴンを引き、埠頭で丸太を引っぱり、荷積みをしている姿が見られたものです。現在も役馬として活躍していますが、多くは共進会やショーに登場するのみで、過去の活躍を人々に思い出させてくれます。

## 繋がりのある品種
グレート・ホースに、ヨーロッパ大陸からイギリスにやってきたフランダースとフリージアンを交配させたのが、シャイアーの由来といわれています。クライズデールとも血縁的に近いとされます。

## サイズ (体高)
牡馬：167－178センチ
　　　（16.2－17.2ハンド）
牝馬：162－173センチ
　　　（16－17ハンド）

## 原産地 & 分布地域
主にイギリスの中部地方の州とケンブリッジ州で繁殖されたことから、1884年、「州」を意味するシャイアーと名づけられました。以前はオールド・イングリッシュ・カート・ホースとも呼ばれていました。世界中に輸出され、広範囲で飼育されています。

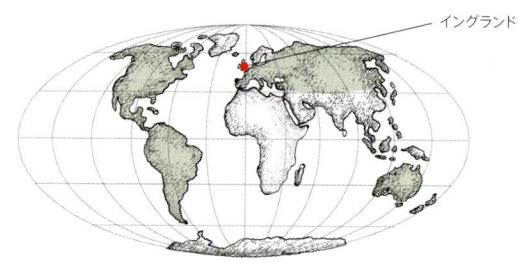

イングランド

# モルガン
## MORGAN

牝馬

ショー・リングで披露する美しさとエレガントさで知られる品種ですが、始まりは1頭の非常に働き者の農耕馬でした。その名はジャスティン・モルガン。頑丈な体型をした種牡馬で、多くの丸太引きコンテストで優勝したという記録が残っています。優しい気質は、このジャスティンから引き継がれたものです。1961年、アメリカ・バーモント州を象徴する「州の動物」に、1970年にはマサチューセッツ州の「州の馬」に公式採用されています。

### 特徴
コンパクトな体型、きびきびした上品な頭部、機敏な歩態で知られる品種です。毛色は青毛、鹿毛、栗毛、あるいは青鹿毛です。顔以外、膝から上の部分に白徴はありません。

### 用途
軍馬、農耕馬、輓馬(ばんば)として使われてきたモルガンは、アメリカの歴史の一部です。1900年代初頭に個体数は減少しますが、現在、レジャー用の乗馬として、またウエスタン・スタイル、英国スタイル、馬場馬術、障害飛越、長距離耐久競技など、すべての競技種目で活躍しています。アメリカの多くの品種の改良に大きな影響を与えました。

### 繋がりのある品種
サラブレッドとアラブの血が導入されていたり、ダッチ・ブレッドの流れをくんでいるかもしれないといわれています。

### サイズ（体高）
牡馬：144－158センチ
　　　（14.1－15.2ハンド）
牝馬：144－158センチ
　　　（14.1－15.2ハンド）

### 原産地 & 分布地域
飼い主の名前からジャスティン・モルガンと呼ばれる、たった1頭の種牡馬を源とするユニークな品種です。アメリカ全土の他、カナダ、イギリスおよびヨーロッパ各地、オーストラリア、ニュージーランドでも飼育されています。

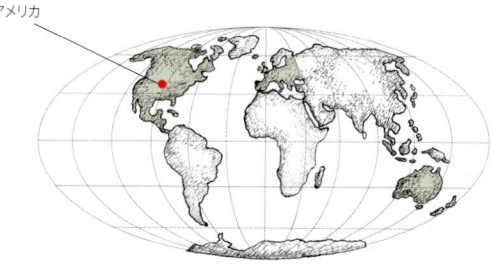

# サフォーク
SUFFOLK

せん
騙馬

サフォークは、サフォーク・パンチとも呼ばれ、同じようなサイズの他の品種の役馬よりも餌が少なくてすむことから、経済的な馬と見なされてきました。穏やかな性格をしていて、サフォークが長寿である要因の1つではないかといわれています。他の品種は4、5歳になってやっと使えるようになりますが、サフォークは比較的成長が早く、3歳頃から働き始めます。

### 特徴
毛色は鮮やかな栗毛のみで、距毛（きょもう）は少なく、まったく生えていないものもいます。がっしりした短い四肢と大きくてたくましい馬体をしており、体重が1トン近くになる場合があります。

### 用途
穏やかで力が強く、成長が早く、健康で跛行（はこう）が起こりにくく、経済的に飼育できるサフォークは、理想的な農耕馬です。四肢が外側に向かって開いていて、また距毛（きょもう）がほとんどないため、作物を傷つけることなく作業ができたのです。農作物を乗せた荷馬車や乗合馬車の輓馬（ばんば）としても活躍しました。

### 繋がりのある品種
サフォークのルーツは1500年代初頭までさかのぼります。その由来は定かではありませんが、重種馬の中ではハフリンガーに近い品種と考えられています。

### サイズ（体高）
牡馬：163－171センチ
　　　（16－16.3ハンド）
牝馬：163－171センチ
　　　（16－16.3ハンド）

### 原産地＆分布地域
名前が示すように、イングランドのサフォーク州が原産地です。ロシア、北アメリカ、南アメリカ、オーストラリア、アフリカ、ヨーロッパに輸出されていますが、故郷であるイギリスやアメリカでは、希少品種リストに含まれています。

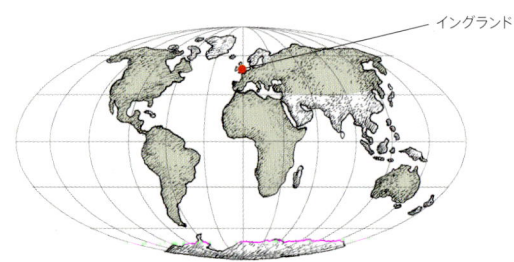

イングランド

# コネマラ
## CONNEMARA

牝馬

**無**駄のない体型と歩様で見事なパフォーマンスを展開する在来馬です。力が強く健康なコネマラは、賢く自発的な性格から昔は役馬として使われ、またスペイン馬とアラブとの交配から、競技馬としての勇気と資質を備えています。1588年のアルマダの海戦時にスペイン艦船から岸に泳ぎ着いたスペイン馬の子孫だという言い伝えがありますが、貿易によってアイルランドに持ち込まれた可能性が高いようです。

### 特徴
たくましい肩をしているため動きがよく、首がほどよい長さでアーチ型をしているので長い手綱が使えます。毛色は芦毛が多く、河原毛、青鹿毛、鹿毛、青毛、時には栗毛もいます。

### 用途
アイルランド西部の沿岸地域で飼われてきたコネマラは、海藻を運搬する役馬として使われていました。コネマラ地方の山岳地帯から内陸部に飼育が広がると、栄養摂取状況がよくなり、体のサイズが大きくなりましたが、その頑健な資質は維持されています。障害飛越やジュニアの総合馬術、ポニー乗馬クラブから、馬場馬術、馬車競技まで、幅広いエリアで活躍するコネマラは、丈夫で信頼できる乗馬用在来馬です。

### 繋がりのある品種
バイキングがコネマラをアイルランドに連れてきたと考えられていて、スペイン馬の他、スカンジナビアの馬の血が入っています。20世紀初頭、サラブレッドとアラブとの交配で品種改良されましたが、現在、血統書は発行されていません。

### サイズ（体高）
牡馬：最大148センチ
（14.2ハンド）
牝馬：最大148センチ
（14.2ハンド）

### 原産地＆分布地域
名前が示すように、アイルランド・ゴールウェイ州にあるコネマラ地方の人里離れた山岳地帯が原産地です。現在、アメリカ、オーストラリア、ニュージーランド、スカンジナビア半島、ヨーロッパで飼われています。

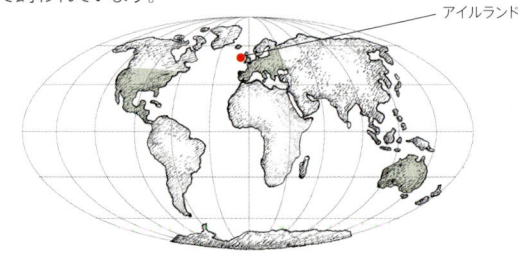

アイルランド

# クライズデール
## CLYDESDALE
牝馬

スコットランドで農耕馬、輓馬(ばんば)として活躍してきた軽快な品種です。歩様はしっかりとしていて、四肢の蹄鉄が見えるまで脚をあげられる馬として知られています。かつてのように役馬としては利用されていませんが、非常に美しい四肢と蹄を持つクライズデールは、ショー・リングに欠かせない存在です。

### 特徴
短い背中で筋骨たくましい馬体に、湾曲した頸、大きな賢そうな目をしています。毛色は鹿毛、青鹿毛、または青毛で、頭部と四肢に大きな白徴が見られることが多く、体まで広がっている個体もいます。馬体を走る閃光のような「クライズデール・マーク」と呼ばれる模様を持つものが好まれます。

### 用途
体が頑丈なクライズデールは、耕作地の作業も険しい土地での荷物引きも、同じように軽快にこなす万能な農用馬として長く用いられてきました。優しくて従順な性質をしているので、ペアやチームで働くのに理想的な品種で、かなりの重量を牽引することが可能になります。

### 繋がりのある品種
役馬としてさらに改良するため、19世紀後半、シャイアーが交配されました。もともと牽引タイプではなく、背に乗せて運搬するタイプとして創られた品種で、輓馬(ばんば)の性質を高めるため、選択育種やフランダースとの交配が行われました。

### サイズ(体高)
牡馬：175－183センチ
　　　(17.1－18ハンド)
牝馬：170－178センチ
　　　(16.3－17.2ハンド)

### 原産地&分布地域
スコットランドの旧ラナーク州が原産地です。北アメリカ、オーストラリア、南アメリカ、ロシア、ヨーロッパ全域と世界中に輸出されています。

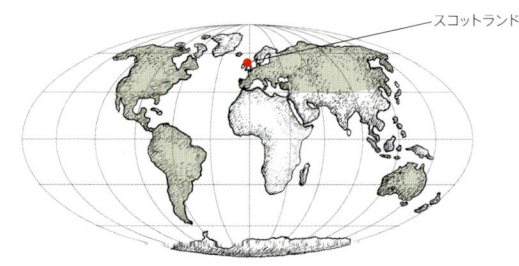

スコットランド

# クリーブランド・ベイ
## CLEVELAND BAY
### 騸馬(せん)

**最**も長い歴史を持つ純イギリス原産馬であるクリーブランド・ベイは、交配によって、他の軽量馬の骨格、サイズ、スタミナを改善できる品種として名声を得ています。残念なことに、この交配によって、純血種の数が激減してしまったのですが、現在、価値が再び見直されています。ショー・リングがその復活の大きな舞台になっています。

### 特徴
英語で鹿毛のことを bay といいます。名前が示しているようにクリーブランド・ベイの毛色は鹿毛で、四肢の先端とたてがみ、尾は黒です。額に白く小さい星が入っているのは認められています。丈夫な四肢と厚みのある馬体をした、しっかりとした体格で、乗馬競技と馬車競技に適した資質とスタミナの持ち主です。賢そうに見える頭部に、形のよい大きな耳がついています。

### 用途
気だてのよいタフな万能馬で、かなりの体重の人間を乗せることができるため狩猟馬にもなり、ジャンプ能力にも長けています。馬車用に最良な品種で、イギリス女王のエリザベス2世の夫であるフィリップ王配は、純血種および混血種のクリーブランド・ベイのチームを馬車競技に起用しています。公式行事に使われる馬車用の1種でもあり、王室厩舎ロイヤル・ミューズで飼育されています。宮内庁の馬車を引く馬の種馬はクリーブランド・ベイで、那須の御料牧場で飼われています。

### 繋がりのある品種
優れた馬車用馬に改良するために、アラブ、アンダルシアン、バルブ、サラブレッドが交配されましたが、これらの馬とは完全に異なる特色のある品種になっています。

### サイズ（体高）
牡馬：162－168センチ
　　　（16－16.2ハンド）
牝馬：162－168センチ
　　　（16－16.2ハンド）

### 原産地＆分布地域
主にイングランド北西部のクリーブランドで飼育され、地名がそのまま品種名になっています。チャップマン・パック・ホースという中世からの古い品種をもとに改良されたクリーブランド・ベイは、現在、ヨーロッパ、北アメリカ、南アメリカ、アジア、オーストラリアで飼育されています。

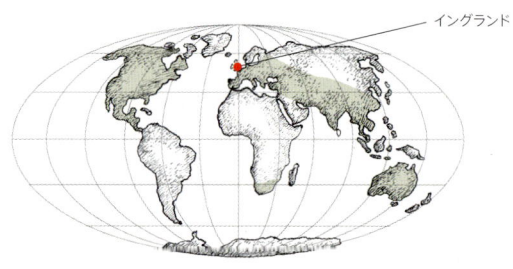

# シェトランド
## SHETLAND

牝馬

イギリス原産種の中で最も小柄なシェトランド・ポニーは、小さな体に似あわず、かなりの力持ちです。この名前の由来となっているスコットランド北部の島々の餌となる植物がまばらにしか生えていない過酷な環境に、驚くほど適応しています。四肢を高く持ちあげて歩くのは、岩だらけの土地をよろめかずに進むために身につけた習性です。

### 特徴
丈夫で小型で力強く賢いのがシェトランド・ポニーです。毛色はさまざまですが、点状の小斑模様は認められていません。どこまでもタフで活気に満ちています。たてがみと尾は長くふさふさとしています。

### 用途
子供が生まれて初めて乗るポニーといえばシェトランドであり、乗馬と飛越のクラスで強さを発揮していますが、近年、ポニー馬車競技の人気が出てきていることから、馬車用ポニーとしての需要が高まっています。その昔、シェトランド諸島では、農作物を畑から納屋へ、そして市場へと運ぶ馬として、また炭鉱の役馬として用いられていました。

### 繋がりのある品種
原産地が島なので他種の影響が少なく、純粋を保っていますが、ヨーロッパの他の在来馬と共通の祖先を持っている可能性があります。

### サイズ（体高）
牡馬：最大107センチ
　　　（10.2ハンド）
牝馬：最大107センチ
　　　（10.2ハンド）

### 原産地＆分布地域
青銅器時代の頃から、シェトランド諸島には小さなポニーが生息していました。ツンドラ在来馬とヨーロッパ南部からのマウンテン・タイプの在来馬がシェトランドの祖先で、そこにノルウェー種の血が加わっているという説があります。フォークランド諸島と北極圏を含む世界中で広く飼育されています。

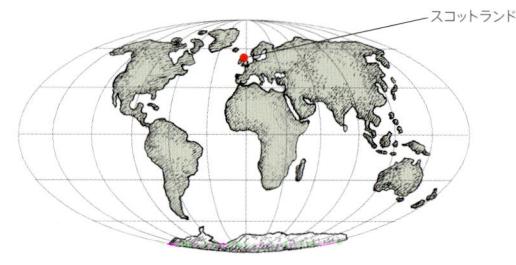

スコットランド

# ニュー・フォレスト
NEW FOREST

騸馬(せん)

何をやらせても上手にこなし、気だての優しいニュー・フォレストは、究極の万能在来馬です。その資質はいろいろな品種の交配によってできあがったもので、森林の厳しい生息環境に順応してきた頑健なサバイバーです。生まれ持った運動力と順応力で、障害飛越競技もショー・リングでの審査も難なくこなし、他の競技にも優れています。

### 特徴
毛色は、黒以外の色と白のスキューボールドやパイボールドと呼ばれる斑毛、青い目にクリーム色の白毛以外ならば、何でもありです。白徴は頭部と肢の下部のみ認められます。非常に形のよい後躯(こうく)で、胴はしっかりと太く、頑強で丸みのある蹄をしています。極端に膝をあげたりはしませんが、体の動きはしなやかで、はっきりとしています。とても調教しやすい気質をしています。

### 用途
体重の軽い大人や子供の乗馬用に最適な在来馬で、馬車競技でも活躍していて、両競技で頼りにされています。自然のままの状態のたてがみと尾でショー・リングに登場することが多く、障害飛越と馬場馬術でも見事な演技を披露します。

### 繋がりのある品種
体を大きくするためにサラブレッド、アラブ、ハクニーが交配された他、数々の品種の影響を受けています。在来馬としての特徴を維持するためにエクスムア、デールズ、ダートムアなどの在来種が交配されています。

### サイズ(体高)
牡馬：最大148センチ
　　　(14.2ハンド)
牝馬：最大148センチ(14.2ハンド)

### 原産地＆分布地域
イングランド南部のニュー・フォレストには、少なくとも900年前から在来馬がいます。現在、ニュー・フォレストは血統書により標準化され、ヨーロッパ、スカンジナビア半島、北アメリカ、オーストラリア、ニュージーランドに輸出されています。

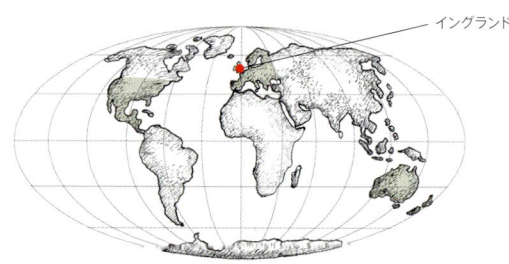

# デールズ
## DALES

種牡馬

イギリス在来馬の中で最も体が大きくて重いのがデールズです。やる気に満ちあふれた、強く、積極的な在来馬として知られています。後脚の飛節の力強い動きで体を前に押し出し、前脚の膝をあげる、独特な体の動かし方をしながら、まっすぐに、きびきびと動きます。馬体はコンパクトで、額は広く、耳が内側にカーブしている個体が多く見られます。

### 特徴
豊かなたてがみと尾、絹のようにつやつやした距毛(きょもう)を持ち、独特な動きで速歩するデールズは、ショー・リングでひときわ目立つ存在です。毛色は主に青毛、鹿毛、青鹿毛で、まれに芦毛も見られます。白徴が多くあるのは認められていません。

### 用途
体重100キロまでの大人を乗せることができ、強くて頼りになる鞍馬(ばんば)でもあります。気だてがよく、頭もよいため、障害飛越や長距離乗馬などの競技にも巧く適応します。かつては鉛鉱山で用いられ、地下と地上で重い荷物を引く仕事についていました。第一次、第二次世界大戦ではイギリス軍に使われました。

### 繋がりのある品種
フェルと祖先が同じです。体の動きからすると、ウェルシュ・コブの血が入っている可能性があり、フリージアンとクライズデールの影響も受けているようです。

### サイズ（体高）
牡馬：最大148センチ
　　　（14.2ハンド）
牝馬：最大148センチ
　　　（14.2ハンド）

### 原産地＆分布地域
イギリスのヨークシャー地方にそびえるペナイン山脈の東側が原産地で、長年、イングランド北部で飼育されています。現在、ヨーロッパ、北アメリカ、スカンジナビア半島、オーストラリアでも飼育されています。

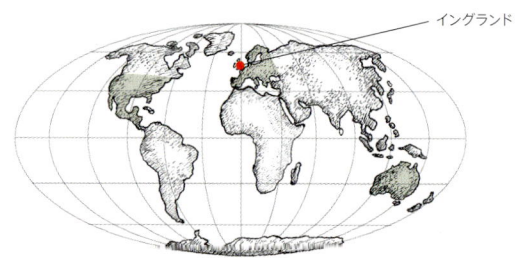

イングランド

# アパルーサ
## APPALOOSA
### 騸馬(せん)

ユニークな斑点模様があることで知られているアパルーサは、英語でブチ馬 spotty horse とも呼ばれています。つい毛色に目がいってしまいますが、縦縞が入っていることの多い丈夫な蹄など、他にもいろいろな特徴があります。アメリカではアイダホ州の「州の馬」に公式採用されています。

### 特徴
アパルーサの毛色の模様は大きく5種類に分類されます。濃い毛色(斑点入りの場合もあります)で白いエリアが臀部に広がっている「ブランケット」。白毛で全身に濃い色の斑点が広がる「レオパード(豹紋)」。その逆で、濃い毛色に白い斑点入りの「スノーフレーク」。ブランケットに細かく霜のような斑点がちらばっている「フロスト」。毛色は単色だけれど、アパルーサの他の特徴を持っている「ソリッド」。唇、鼻端、鼻孔部、目の周囲が薄いピンク色で、そこに黒い小斑点が入っている場合もあります。

### 用途
アメリカ原産のブランド馬であるアパルーサは、さまざまなウエスタン馬術に用いられ、ウォーカルーサとも呼ばれています。長距離耐久競技、障害飛越、馬場馬術でも活躍していますが、何よりもその豊かな毛色で観客を魅了するショー・リングの人気者です。

### 繋がりのある品種
スポッテド・ポニーとナップストラップの親戚です。アメリカ大陸にやってきたスペイン人がアメリカに持ち込んだスペイン馬をもとに、アメリカ先住民のネズパース族が巧みな交配で創り出した品種です。

### サイズ(体高)
牡馬: 148-158センチ
　　　(14.2-15.2ハンド)
牝馬: 148-158センチ
　　　(14.2-15.2ハンド)

### 原産地 & 分布地域
アメリカ原産で、特にアイダホ州、オレゴン州北東部、ワシントン州南西部で飼育されています。イギリスで設立されたアパルーサ協会が、現在、世界中で勢力的に活動をしており、ヨーロッパ、オーストラリア、ニュージーランドにも広がっています。

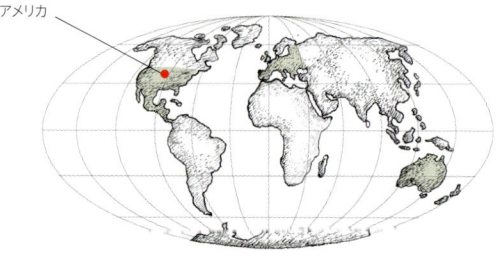

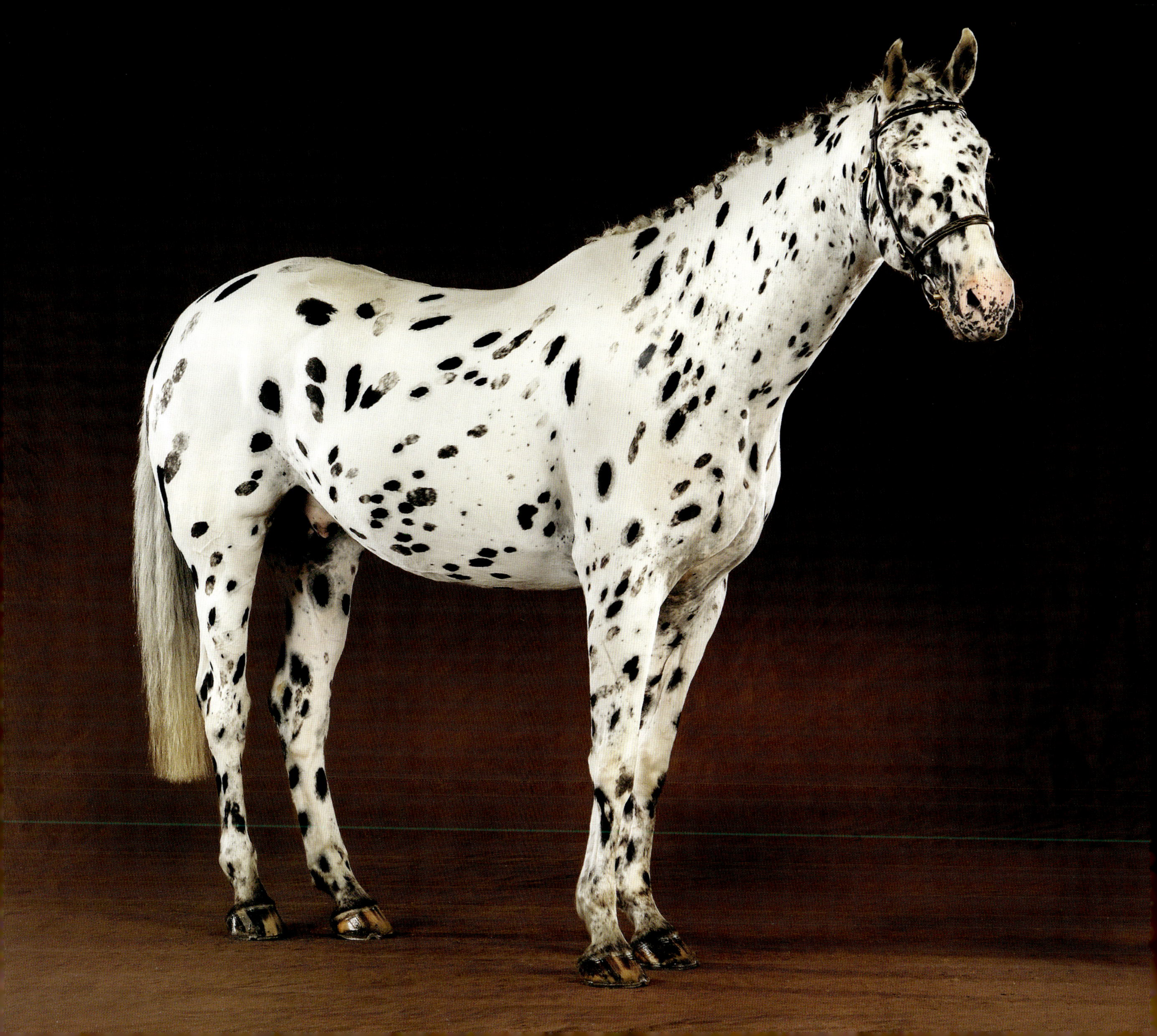

# ダートムア

### DARTMOOR

騙馬
(せん)

第一次世界大戦後、急速に個体数が減ってしまったダートムア。現在、イギリスで希少品種とされていますが、イン・ハンド部門や子供の乗用ポニーとしてショーで披露される人気者です。イングランド南西部のダートムアの荒野を故郷とするため、とても丈夫で、また非常に優しい性格をしているので、楽しく飼育することができる品種です。

### 特徴
非常に小ぶりなポニー特有の頭部、機敏な小さな耳、小さいけれど硬くて頑丈な蹄、筋肉質の強い馬体をしていて、かなり高い位置に尾が生えています。毛色は鹿毛、青鹿毛、青毛、芦毛、栗毛、粕毛です。あまり多く白徴があるのは好まれません。

### 用途
首が長い品種で、子供の乗馬用に適しています。乗った時、前にしっかりと長い首があると安心できるからです。飛越も得意で、素直で何でも進んでやろうとする気質は、馬車競技にも向いています。かつては荷物を運んだり、農耕馬として利用され、また鉱山で地下仕事をさせられていました。

### 繋がりのある品種
イギリス南西部の2都市エクスターとプリマス間の貿易ルートが確立したことから、アラブやバルブといった馬の影響を受けてきました。鉱山で使いやすいように小柄化するため、シェトランドとの交配もされています。1899年の血統書がダートムアの品種標準を決めています。

### サイズ（体高）
牡馬：最大122センチ（12ハンド）
牝馬：最大122センチ（12ハンド）

### 原産地 & 分布地域
イングランド南西部に広がるダートムアの荒野に、何千年も前から生息していると考えられています。現在は、ヨーロッパ本土、北アメリカ、スカンジナビア半島でも飼育されています。

イングランド

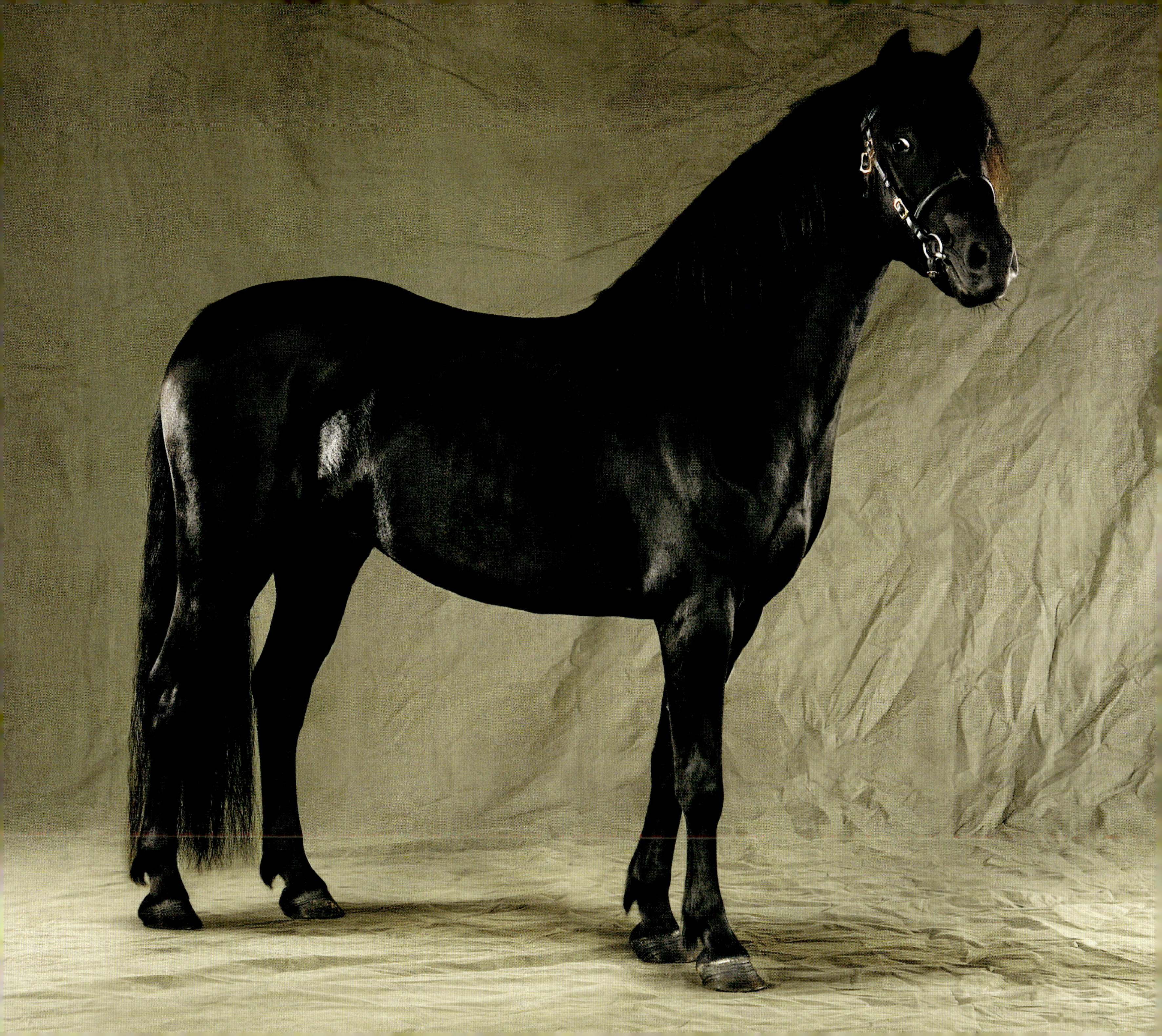

# サラブレッド

THOROUGHBRED

騸馬(せん)

究極のパフォーマーとして名高いサラブレッドは、競走馬の代名詞です。スピードとスタミナに美しさを加算して生み出されたサラブレッドの動きは、思わず息を飲むほどに麗しく、何百年も人々を虜にしてきました。再調教された競走馬として、また乗用馬としてショーや競技にも登場する多才な品種です。

### 特徴
毛色は何色でもよいものの、青鹿毛プラス白毛といった多色は認められません。速く走ることを目的に創り出されたサラブレッドは、非常に勇壮で大胆なホットブラッド種に分類されています。

### 用途
平地競走や障害競走用に創り出されたサラブレッドは、その資質と体のサイズを求め、交配が数多く行われ、他の品種に多大な影響を与えてきました。総合馬術などの馬競技が確立することによって、サラブレッドやサラブレッドの血を濃く引くサラブレッドに近い品種への需要も高まります。ショー・リングでは、サラブレッドに近い品種が乗用馬クラスのトップを支配しています。

### 繋がりのある品種
ブリティッシュ・ショー・ハック、ブリティッシュ・ライディング・ポニー、ブリティッシュ・ライディング・ホース、ブリティッシュ・ハンターは、すべてサラブレッドとの交配の恩恵を得ています。アングロ・アラブは、サラブレッドとアラブの交配種です。度合いの差はありますが、現存する温血種はすべてサラブレッドの影響を受けています。

### サイズ（体高）
牡馬：152—168センチ（15—16.2ハンド）
牝馬：152—168センチ（15—16.2ハンド）

### 原産地＆分布地域
サラブレッドは世界中で飼われていますが、そのすべてが1700年代に在来種を改良するために使われた3頭の種牡馬の子孫です。生存している芦毛のサラブレッドの血統をさかのぼると、すべてが1頭のアラブの種牡馬に辿り着きます。

イングランド

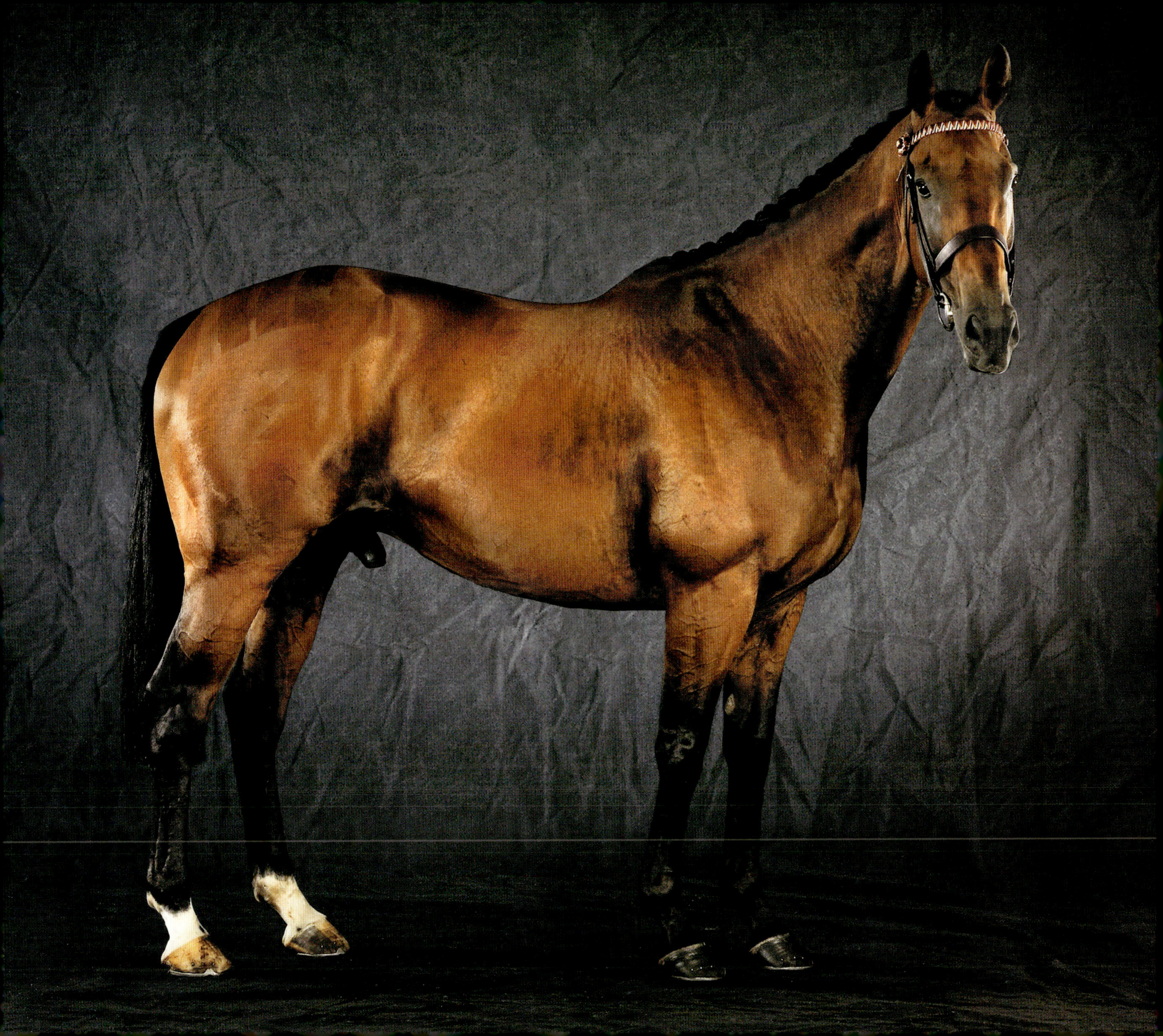

# アラブ
## ARABIAN
牝馬

世界にはさまざまな馬がいますが、最も古く、最も純血に近い形を保っているといわれるのがアラブです。他の馬種に最も大きな影響を与えてきた品種であり、最も美しい馬だと評価されています。非常に勇猛ですが、扱いにくい性質ではありません。走る姿は、まるで地上を浮かんでいるような印象です。

### 特徴
「鮫頭」と呼ばれる短頭で、鼻孔部は広く、大きな目をしています。まるで地上に浮いているような体の動きが印象的です。毛色は栗毛、鹿毛、芦毛、青毛などです。

### 用途
他種の品種改良に多く用いられていますが、もともとは砂漠を駆け抜けるスタミナを持つ、速くて安全な乗用馬でした。十字軍遠征など、数々の戦争にも駆り出されました。現在は、その美しさで高く評価されていますが、しっかりと育種されてきたタフで究極の耐久性を持つ品種です。ショー・リングではこうした特性が評価され、品種の維持に役立っています。近年、アラブ競馬も復活してきています。

### 繋がりのある品種
あまりにも数多くの品種の改良に使われているため、すべてを挙げることはできませんが、サラブレッド、アハル・テケ、温血種なども影響を受けています。また、ウェルシュなど、イギリスのショー用ポニーや在来馬の改良にも使われています。

### サイズ（体高）
牡馬：148－158センチ
　　　（14.2－15.2ハンド）
牝馬：148－158センチ
　　　（14.2－15.2ハンド）

### 原産地＆分布地域
古代の壁画などを見ると、アラブに似た馬が紀元前2500年頃のアラビア半島で飼育されていたことが分かります。その後、世界中に広がりました。

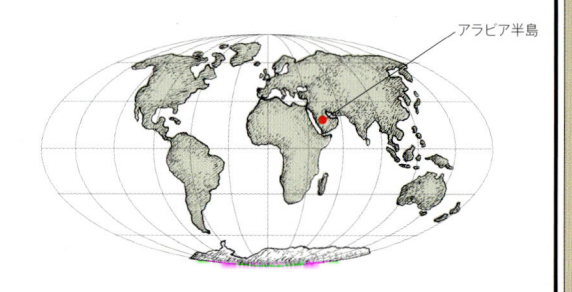

アラビア半島

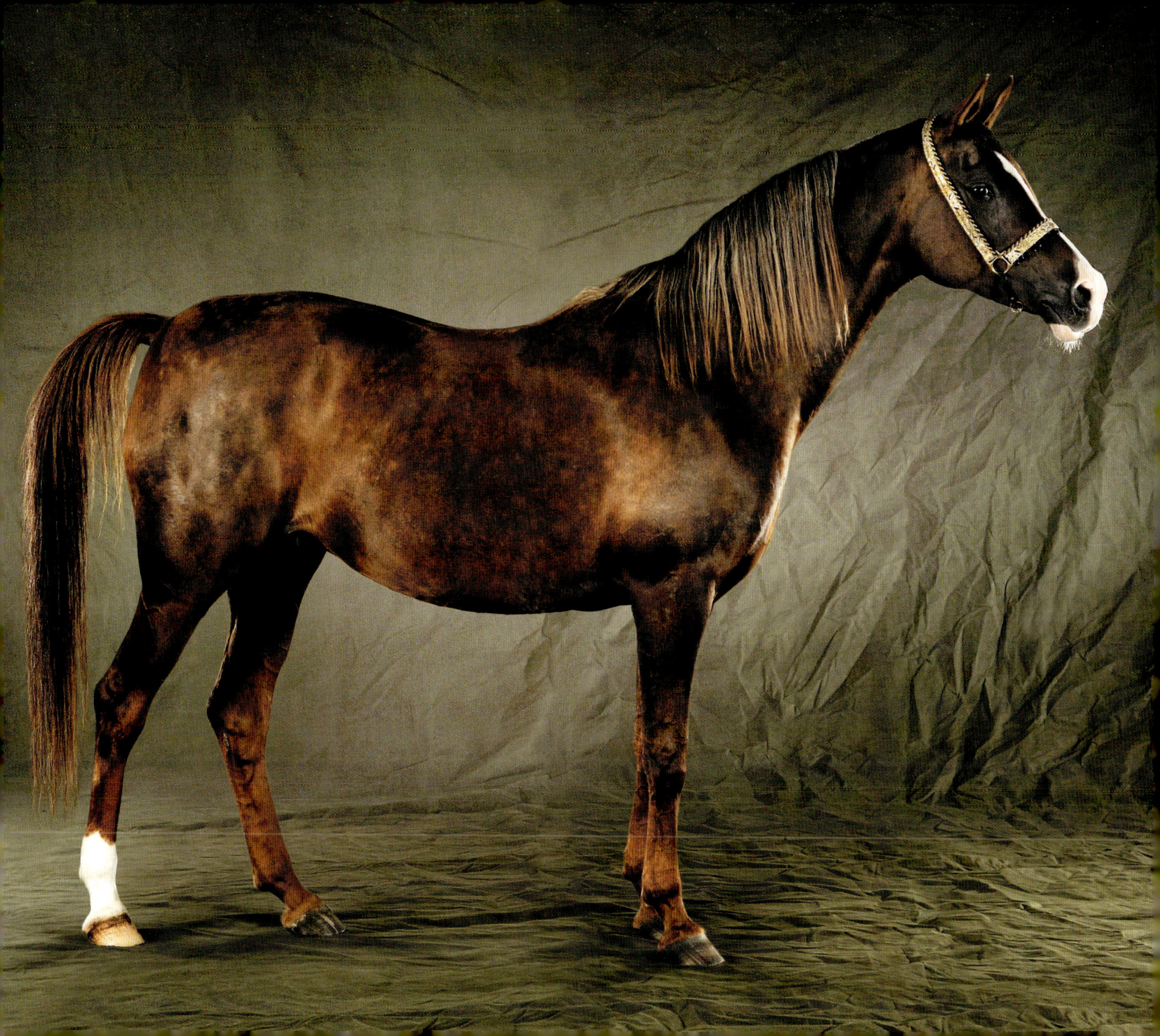

# アメリカン・クォーター・ホース
## AMERICAN QUARTER HORSE

牝馬

アメリカに移住してきたレース好きのイギリス人たちは、当時の役馬を使って4分の1（クォーター）マイルの直線を疾走させる競馬を行うようになりました。改良が進むにつれて後躯（こうく）がよりパワフルに、胸がより広くなり、この変化によってアメリカン・クォーター・ホースは、たやすく停止状態から全力疾走の襲歩ができるようになったのです。優れたパフォーマーで、ショーの多くのクラスがアメリカン・クォーター・ホースのスピードを中心に展開しています。

### 特徴
コンパクトながら強靭な体型、広い胸、パワフルな後躯（こうく）をしています。毛色は単色でなければならず、青鹿毛と白毛など2色の斑毛色は認められません。

### 用途
スピードとスタミナに加え、牛の動きを予測できる能力と知性を生まれ持つアメリカン・クォーター・ホースは、カウボーイのよきパートナーです。一定の場所に置かれた樽を回ってくるバレル・レースや牛の群れからある1頭を切り離す競技のカッティングなど、レジャー競技での需要が高く、最近はまた独自のクラスの競馬にも登場しています。マナーがよく、乗り心地のよい歩様をしているので、レジャーの乗馬にも最適な品種です。

### 繋がりのある品種
最初の移民がやってきた時代のアメリカに生息していたスペイン馬が祖先で、サラブレッドの影響も入っている可能性があります。

### サイズ（体高）
牡馬：150－163センチ
　　　（14.3－16ハンド）
牝馬：150－163センチ
　　　（14.3－16ハンド）

### 原産地＆分布地域
最初の移民がやってきた時、アメリカ東部には、スペインの探検家たちが残していった改良が進んでいない馬が何頭か生息しているだけでした。現在、アメリカン・クォーター・ホースは世界中で飼育され、特にアフリカやオーストラリアなど、牛の放牧が盛んな地域で多く使われています。

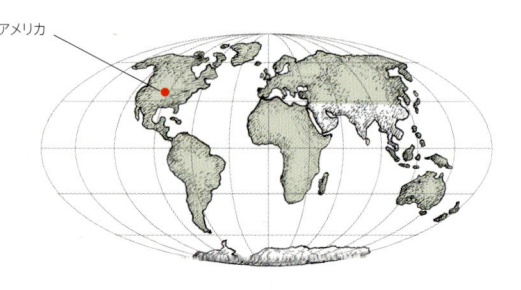

アメリカ

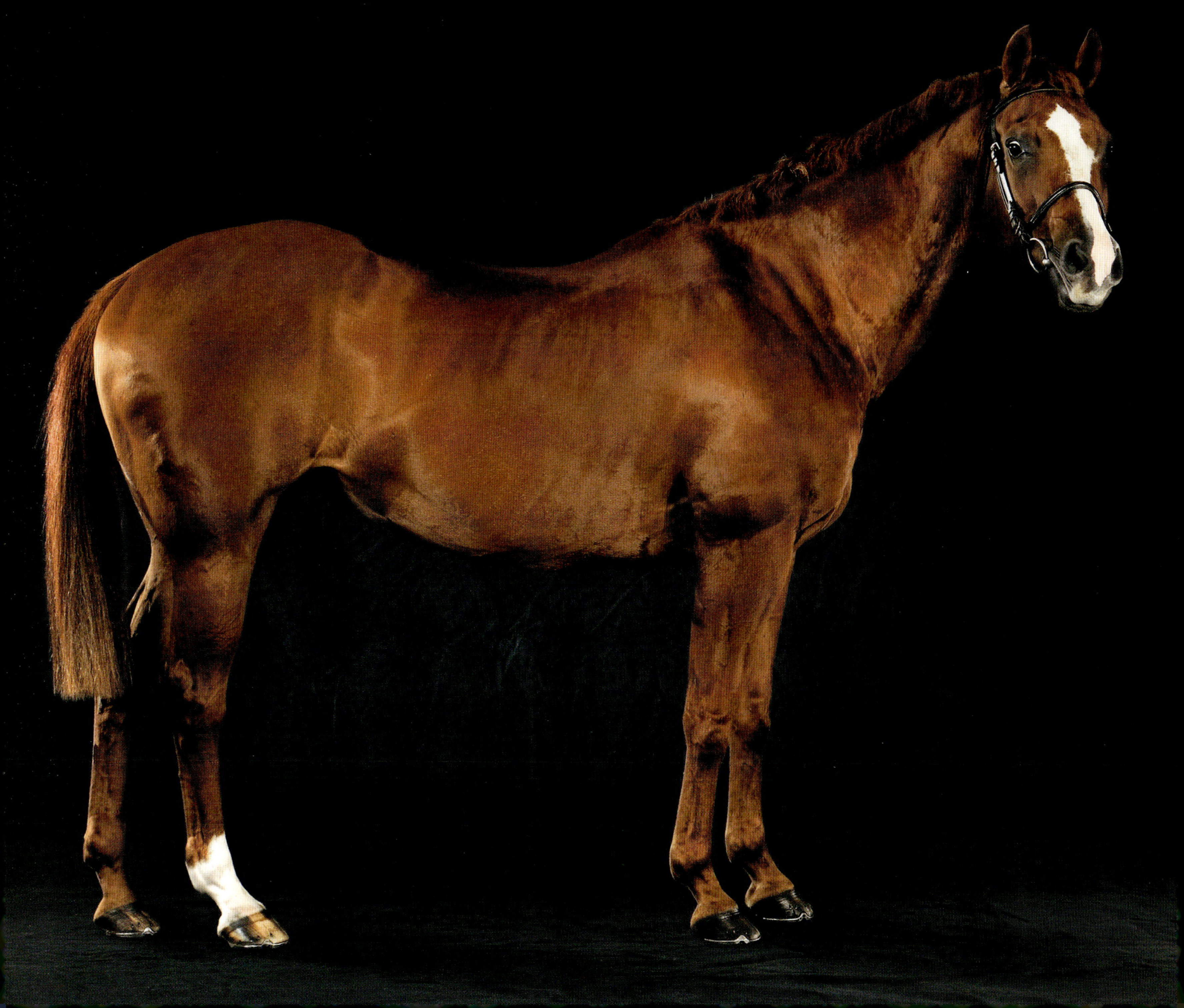

# ハイランド
## HIGHLAND

牝馬

**品**種標準は1つですが、ハイランドには性質の異なる2つのタイプがあります。体が大きめの本土タイプと、小さめで軽量の西方諸島タイプです。どちらも好奇心旺盛で頭がよく、体は飛び抜けて頑強です。力強い印象を帯びながらも、在来馬らしさあふれる姿をしています。見事な毛色をしていて、銀色のたてがみと尾がひときわ目を惹きます。

### 特徴
厚みのある馬体をした頑丈な在来馬です。さまざまな濃淡の河原毛が独得な風貌をなしていますが、芦毛、青鹿毛、青毛、たてがみと尾がシルバーの栗毛や青鹿毛もいます。

### 用途
原産地のスコットランドでは、今でも鹿狩りで獲物を運ぶのに使われています。第一次世界大戦とボーア戦争では軍用馬として使われ、羊飼いのパートナーや農用馬としても利用されてきました。かなりの重量を乗せられる良質の乗馬用在来馬で、大人を乗せることもできますが、優しい気質なので子供用にも適しています。輓馬(ばんば)として今も活躍していて、特に、重機を使うよりも自然に与えるダメージが小さいため、森林地帯で馬搬に利用されています。

### 繋がりのある品種
現在のハイランドの特徴を創り出すのに多くの品種が影響していますが、クライズデールとアラブも関係していると考えられています。ペルシュロンとデールズとも交配されているようです。

### サイズ (体高)
牡馬：132－148センチ
　　　(13－14.2ハンド)
牝馬：132－148センチ
　　　(13－14.2ハンド)

### 原産地＆分布地域
スコットランド北部のハイランド地方と西方諸島が原産地で、北ヨーロッパ産の馬がベースになっているのではないかと考えられています。ヨーロッパ、スウェーデン、北アメリカ、オーストラリア、ニュージーランドで飼育されています。

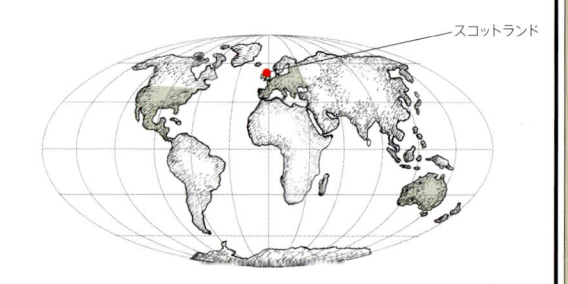

スコットランド

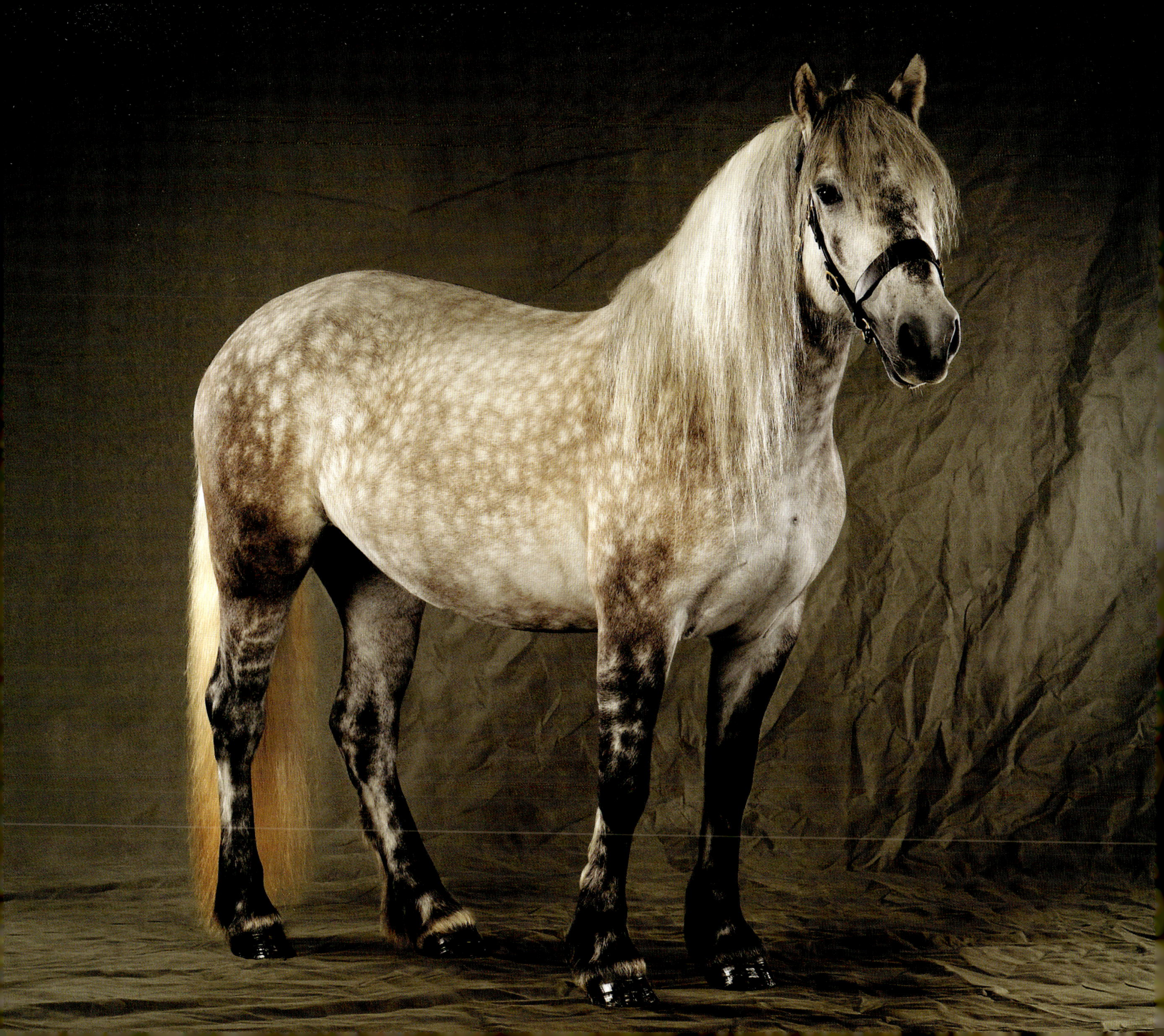

# ライトウエイト・コブ
## LIGHTWEIGHT COB

牝馬

コブと呼ばれるタイプの馬は何百年も前から飼われていて、肢が太く、がっしりとした体で、荷物を運ぶ馬あるいは農用馬として使われてきました。劇的な変化はありませんが、近代のコブは、軽種のライトウエイト・コブ、重種のヘビーウエイト・コブ、中間種のマキシ・コブに細分されています。馬の体高と運搬できる重量を基準とした分類です。

### 特徴
強く、がっしりとした四肢をしています。パワフルな後躯(こうく)の持ち主で、神経質ですが、賢く、大きな優しい眼をしています。ショーでは、最大89キロまで乗せることができなければなりません。

### 用途
農作業から市場での荷車引きや遠出のお供と、コブは何でもこなす万能馬でした。狩猟馬としても評価が高く、戦時には重要な役割を果たしました。現在はホース・ショーで活躍し、障害飛越にも長けています。またレジャーの乗馬に理想的な馬です。

### 繋がりのある品種
品種ではなく、タイプなので、血統がしっかりと確立しているアラブやサラブレッド以外、すべての馬がコブになりえます。コブの改良には在来馬や昔から飼われていたコブ、輓馬(ばんば)などが用いられます。

### サイズ(体高)
牡馬：148－155センチ
　　　(14.2－15.1ハンド)
牝馬：148－155センチ
　　　(14.2－15.1ハンド)

### 原産地＆分布地域
ライトウエイト・コブは北ヨーロッパの冷血種の輓馬(ばんば)を祖先とし、この地域では広く農用に使用されていました。現在は広域に分布していて、ホース・ショーだけではなく、今でも生活に馬を利用している地域の農場や農地で活躍しています。

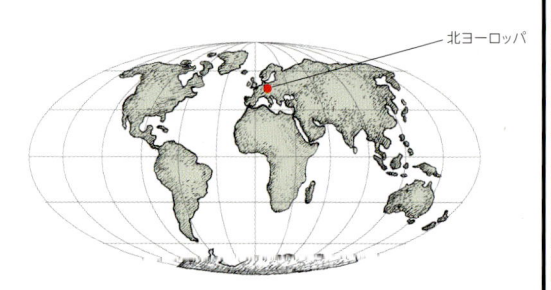

北ヨーロッパ

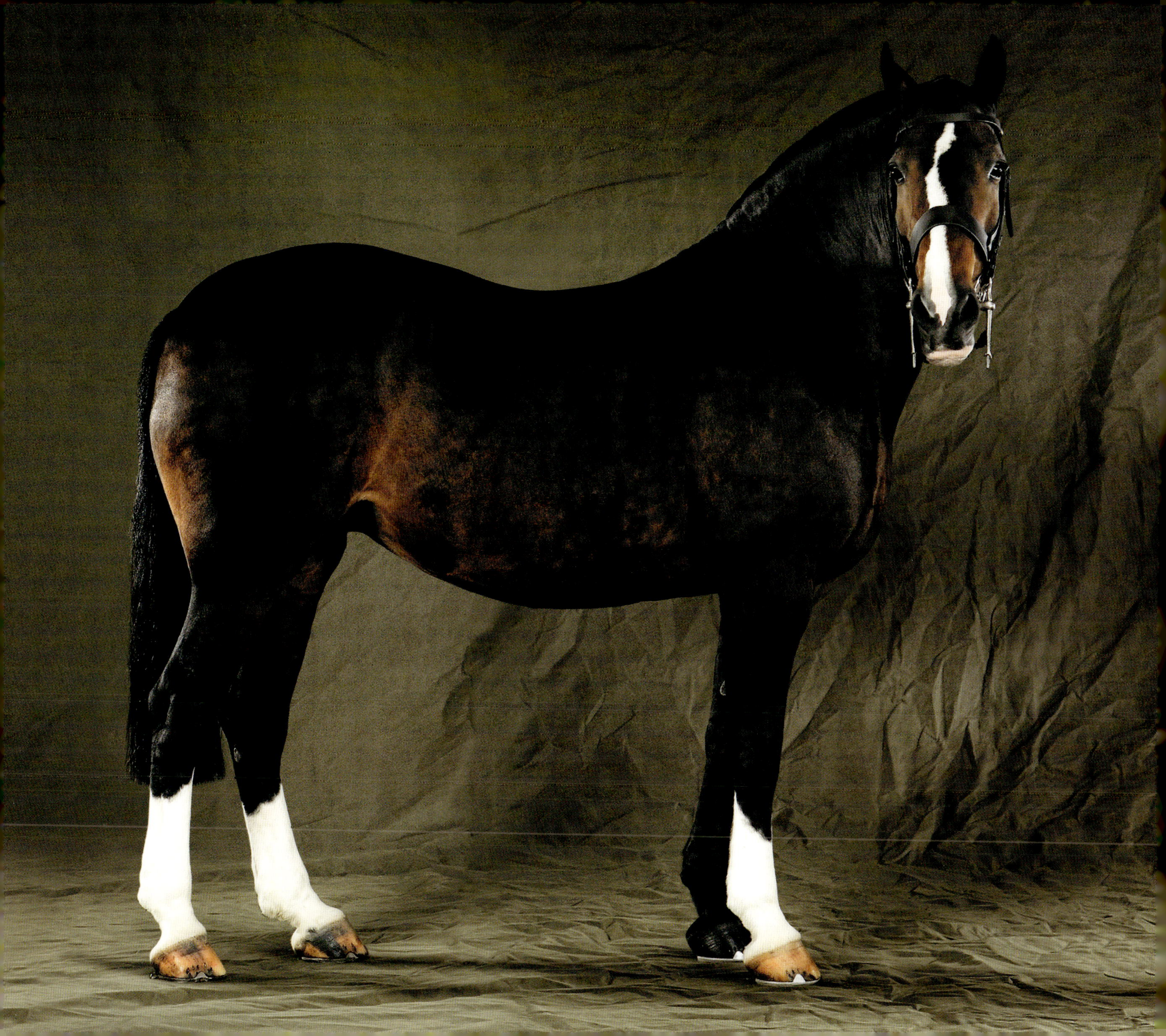

# ネイティブ・カラード
NATIVE COLOURED
騙馬(せん)

白をふくんだ2色あるいは3色の毛色をしている快活な馬の総称です。トリミングはしますが、たてがみと尾は編み込みをせずに自然のままの姿でホース・ショーに登場します。1980年代、色鮮やかな馬の人気が高まり、関連協会および団体によってグループ分けが行われ、標準が設定されました。

### 特徴
世界中の在来種から派生しているため、頑健な体をしていて、動きはきびきびとしています。カラード・コブとは異なり、距毛(きょもう)は飛節あるいは前膝の後から生えていてはいけません。距毛の量はそれぞれですが、蹄に2.5センチ以上はかかりません。体高はさまざまです。

### 用途
体高がさまざまなので、レジャーの乗馬から、障害飛越競技、クロスカントリー、ウエスタン乗馬、馬車競技、さらにはショー・リングに登場して観客の目を喜ばすなど、あらゆる場面に登場します。ネイティブ・カラードの馬は機敏性を競う種目に強く、在来馬としては力が強く、有能です。

### 繋がりのある品種
どの在来馬の血統であるのかを証明する必要はないのですが、ほとんどの在来馬がネイティブ・カラードの在来馬の交配に関わっています。原産は明確でなくてもよいことになっています。

### サイズ(体高)
ポニー：最大148センチ(14.2ハンド)
馬：148センチ以上(14.2ハンド)

ポニーと馬の違いを示すための数値で、個体のサイズはさまざまです。

### 原産地＆分布地域
ネイティブ・カラードは、品種ではなく、見分けが可能なタイプとして関連協会や団体に認定されています。世界中に、その土地特有のネイティブ・カラードが飼育されています。

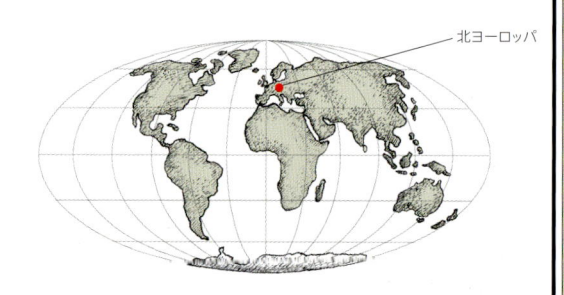

北ヨーロッパ

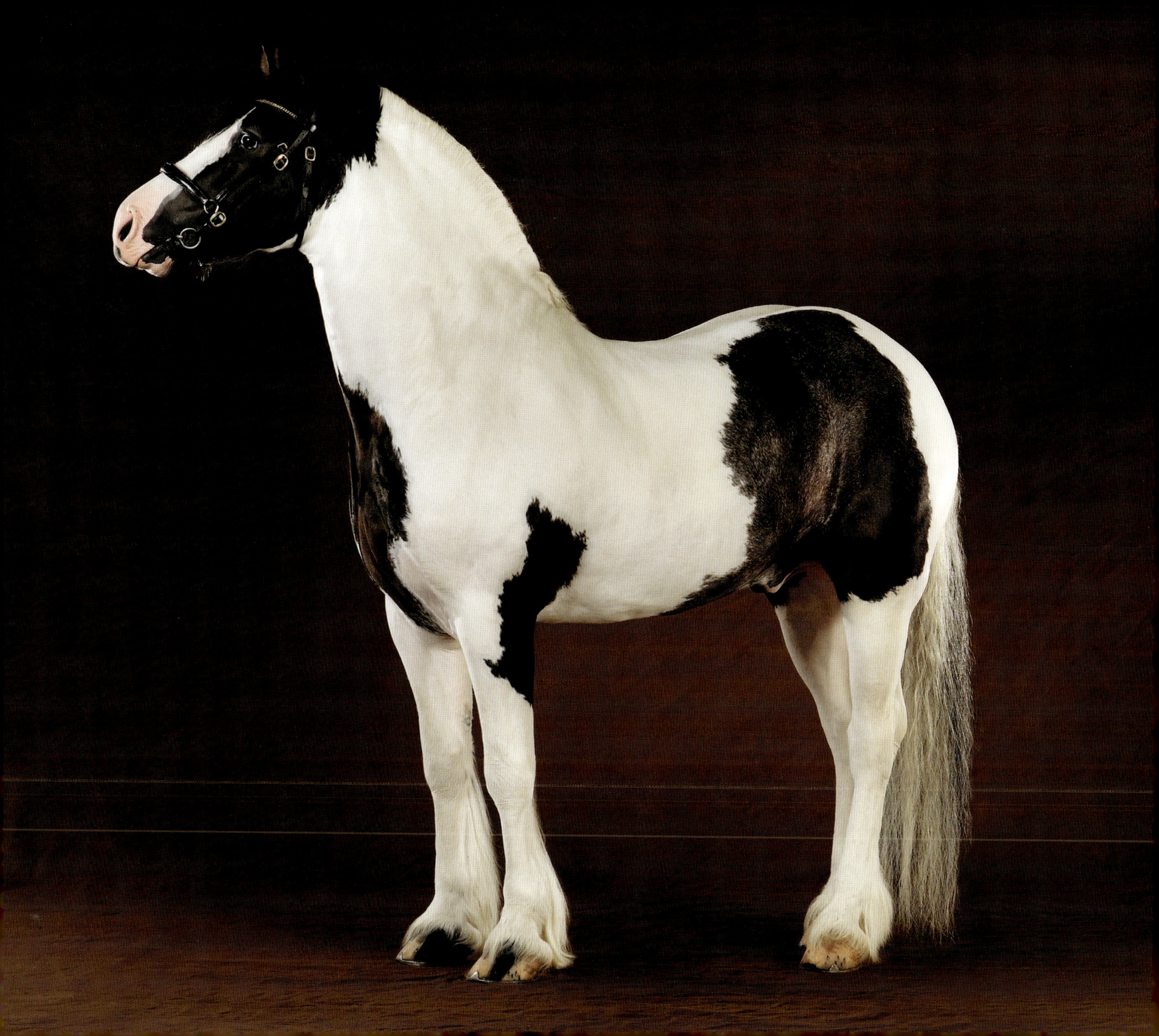

# レスキュー・ホース
## RESCUE HORSE
騙馬(せん)

世界中、どこの国でも虐待されている馬がいます。馬の愛護・福祉団体やチャリティー団体、個人の馬愛好者のサポートで、劣悪な環境から救出され、リハビリを受けているのがレスキュー・ホースです。残念ながら、誤った飼育管理を巧く回避できる品種などなく、どんな馬でもレスキュー・ホースになり得るのです。新しい飼い主とショーに登場するケースもよく見られ、大きな喜びをもたらしてくれる可能性を秘めています。

### 特徴
虐待や飼育放棄など、さまざまな状況下に置かれたさまざまな年齢の馬が救出されています。経済的に飼うことができなくなって飼い主に捨てられたり、裁判沙汰に巻き込まれたりする馬もいます。調教を受けている個体もいれば、まったく調教されていない個体もいます。これらの馬たちを普通の生活に戻し、快適な住みかを見つけてあげなくてはいけません。

### 用途
飼い馬の遊び相手にしたり、ショーの競技に出たり、レスキュー・ホースの活用方法はさまざまです。右ページの写真の馬は虐待されている状態から救出され、順調なリハビリの結果、トラディショナル・カラードのクラスで非常によい成績を出しました。

### 繋がりのある品種
レスキュー・ホースになる可能性はすべての品種の馬にあり、それは馬のせいではなく、人間の責任です。飼い主の生活環境の変化と無知が、残忍な行為を引き起こすのです。

### サイズ（体高）
ポニー：最大148センチ（14.2ハンド）
馬：148センチ以上（14.2ハンド）

ポニーと馬の違いを示すための数値で、個体のサイズはさまざまです。

### 原産地＆分布地域
レスキュー・ホースとレスキュー・ポニーは世界中に存在します。たいていの場合、救出者によって去勢され、不運な個体がさらに増加することを阻止しています。

世界各地

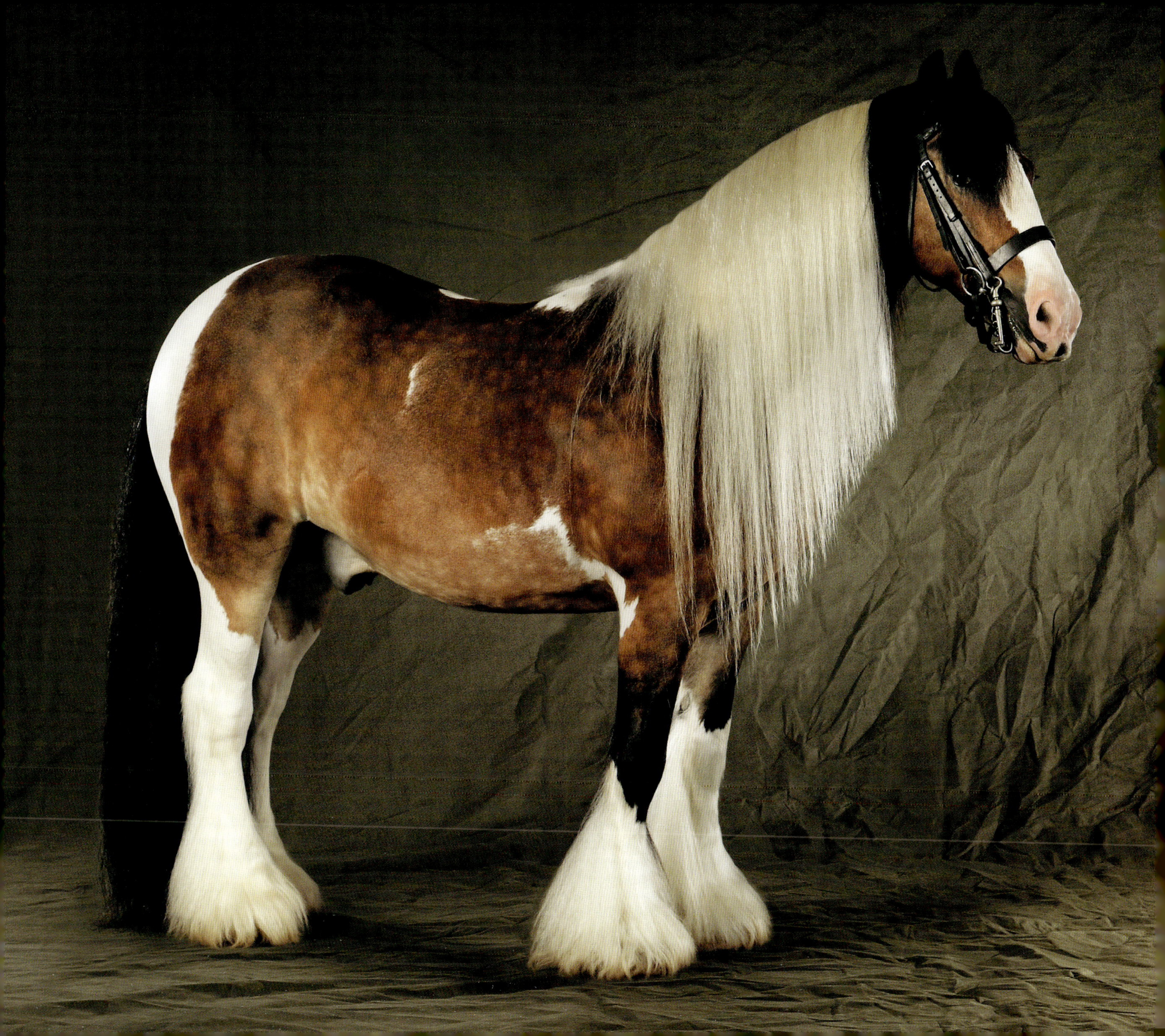

# フィヨルド

## NORWEGIAN FJORD

騸馬(せんば)

どこから見てもすぐに分かる河原毛の特徴的な体型をしているフィヨルドは、何百年も前から変わらぬ姿をしているパワフルな在来馬です。たてがみを10センチほどの長さに刈り込み、上向きに立たせ、明るい色の毛の中に生えている黒毛を際立たせます。

### 特徴
長い歴史を持つ純血種であるため、濃い色の鰻線(まんせん)が背に入っていたり、四肢の下部に縞模様があったり、在来種特有の原始的な特徴がよく見られます。短くて頑強な四肢が、厚みのある馬体を支え、幅広の頭部に小さな耳がついています。蹄が堅固なことでも知られています。

### 用途
ノルウェーのルーン石碑に、バイキングたちが好んだポニー・ファイトというスポーツに、フィヨルドが使われている様子が描かれています。実はフィヨルドは非常に穏やかな気性です。複雑に海岸線が入り組んでいるフィヨルド地帯の小さな農場では、昔も今も、鞍馬(ばんば)として活躍していて、駄載(ださい)や馬車を引くのに理想的な在来馬です。大人、そして若者の乗用馬としても人気があります。チームを組んでの馬車競技にも適している品種です。

### 繋がりのある品種
ノルウェーの人里離れた山岳地帯が原産地のため、交配にやってくる人はほとんどいませんでした。サフォークなどの重種の鞍馬(ばんば)と関係があるのではないかと推測されています。

### サイズ(体高)
牡馬：135－150センチ
　　　(13.1－14.3ハンド)
牝馬：135－150センチ
　　　(13.1－14.3ハンド)

### 原産地＆分布地域
バイキングの時代、あるいはそれ以前より生息していたとされるフィヨルドは、最も長い歴史を持つ最も純粋な在来馬と見なされていて、ノルウェーのほぼ全域で飼育されています。現在は世界中で人気があり、イギリス、ヨーロッパ、アメリカ、カナダ、オーストラリア、ニュージーランドにその姿が見られます。

ノルウェー

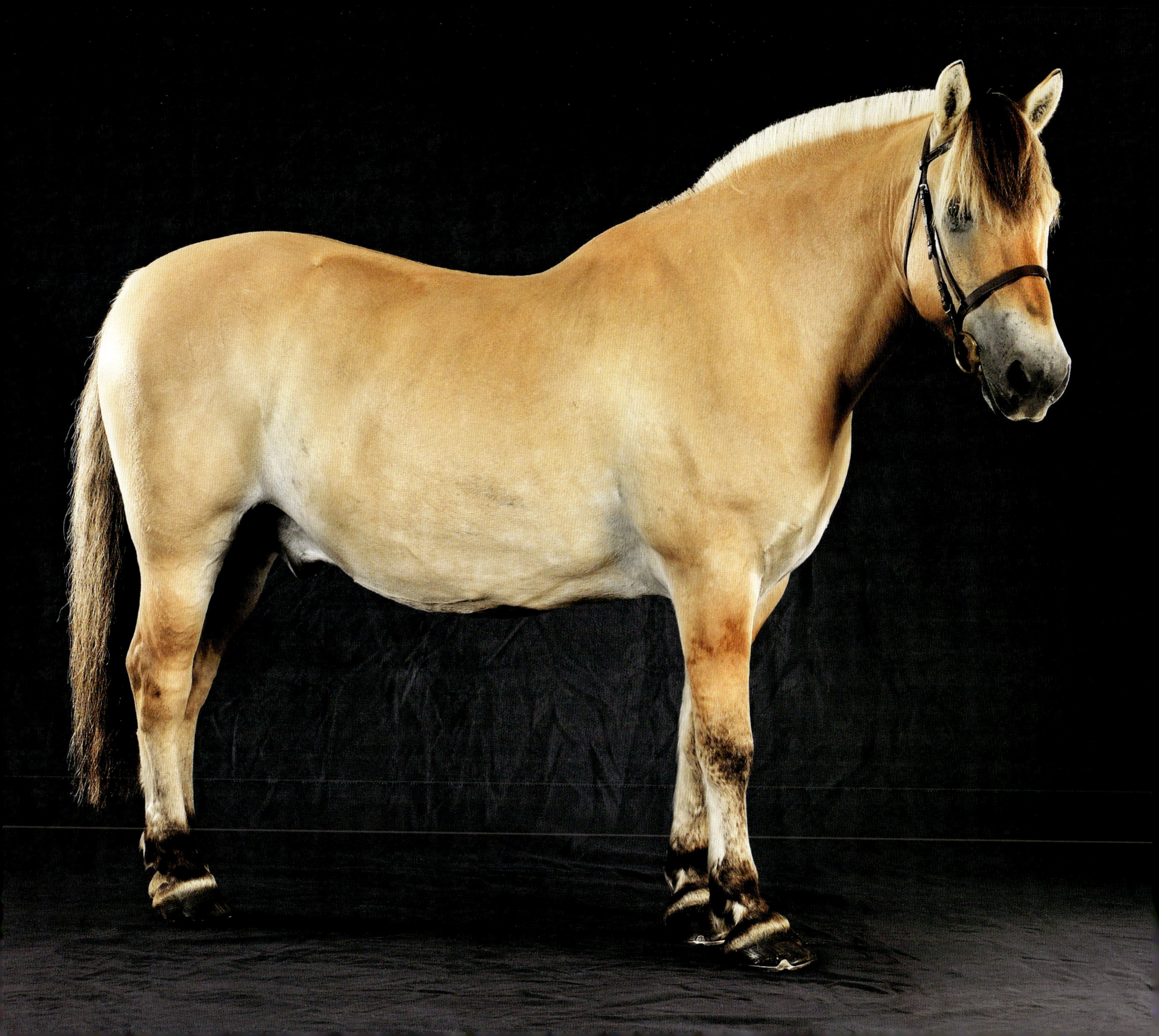

# ブリティッシュ・ウォームブラッド
## BRITISH WARMBLOOD

牝馬

1977年、ブリティッシュ・ウォームブラッド（温血種）の育成を求める声が高まり、ブリティッシュ・ウォームブラッド協会が設立されました。ブリティッシュ・ウォームブラッドとは、馬場馬術や総合馬術競技、障害飛越競技など、高度な馬術競技に長けた馬のタイプのことです。こうした競技種目全般で世界のトップレベルの戦いができる馬を創り出すことが目的です。

### 特徴
品種ではなく、馬のタイプであるため、パフォーマンスや競技成績、形態、血筋を証明する血統書が認定の基準になっています。交配に使われる種牡馬と牝馬は厳密に検査されます。競技に適した馬を生み出すため、運動能力に長けていて、強く、やる気にあふれた性格でなければなりません。

### 用途
調教によって脚を高くあげる動きをスムーズにできる体型をしているため、ハイレベルの馬場馬術を展開することで知られています。障害飛越競技もトップレベルでこなし、総合馬術競技ではすべてのレベルで人気があります。スポーツ好きで従順な気質は、レジャーの乗馬にも最適です。

### 繋がりのある品種
ウォームブラッドとは、アラブやサラブレッドなどのホットブラッド種と輓馬に多いコールドブラッド（冷血種）を交配した馬です。ブリティッシュ・ウォームブラッドは、ドイツ産のウォームブラッドの影響を強く受けています。

### サイズ（体高）
牡馬：158－178センチ
　　（15.2－17.2ハンド）
牝馬：158－178センチ
　　（15.2－17.2ハンド）

### 原産地＆分布地域
1970年代にウォームブラッドが注目され、トップレベルの運動能力が認知されると、一気に世界中に分布が広がりました。世界中のウォームブラッドがオリンピックに登場し、活躍しています。

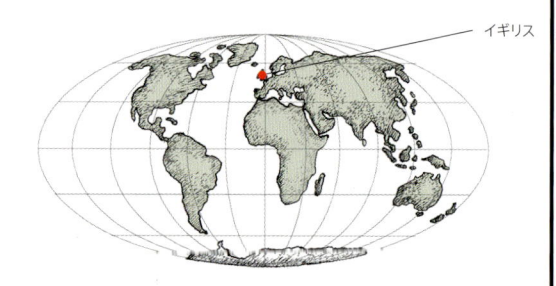

イギリス

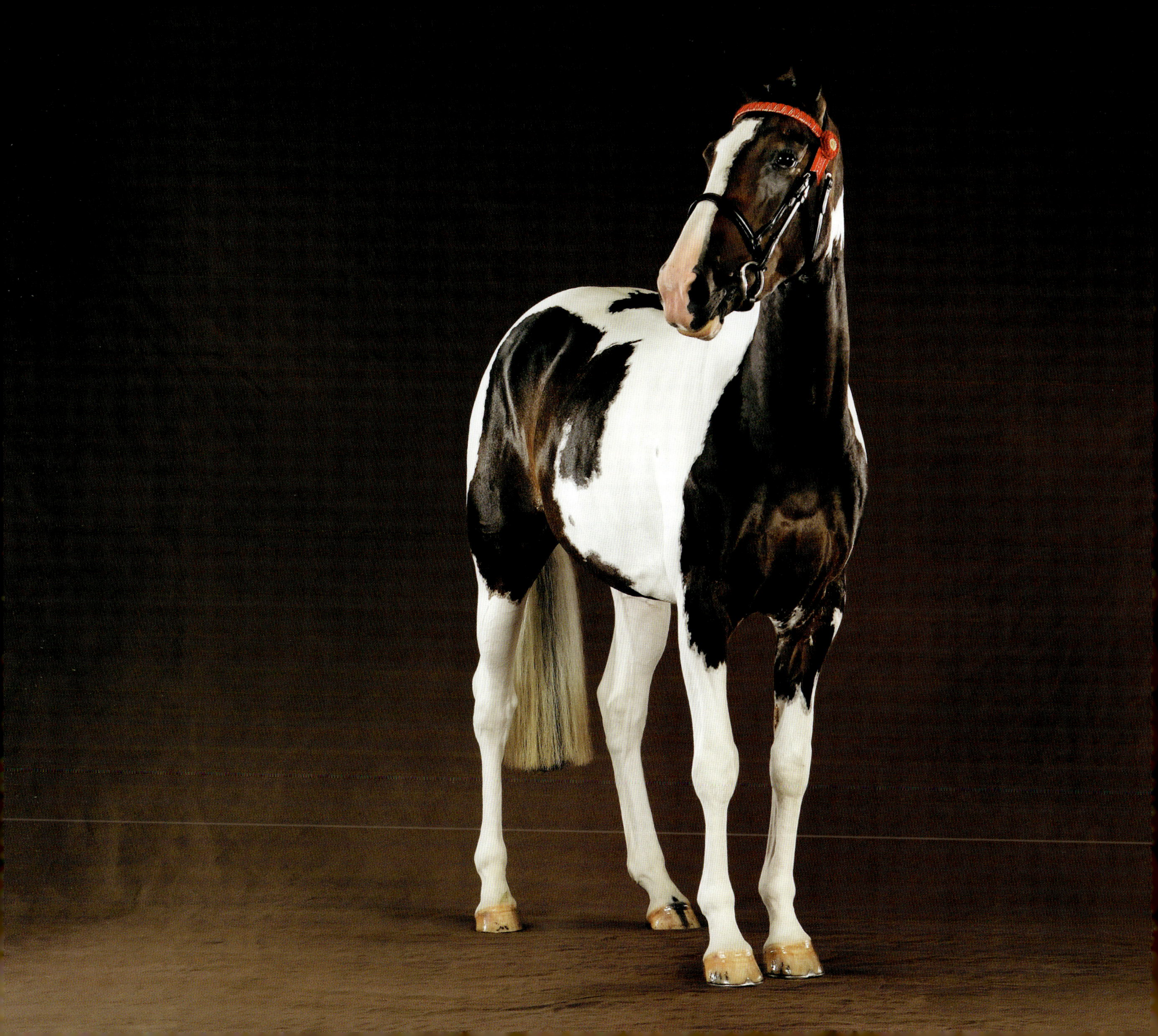

# フリージアン
## FRIESIAN
### 騸馬(せん ば)

世界で最も古い品種の1つであるフリージアンは、アーチ型の首に長いたてがみをたなびかせ、堂々とした風貌をしています。軽量化のため、十字軍遠征に使われた馬と、さらに後にはスペイン馬と交配が行われますが、重量級の軍馬を作るのに使用されたこともあります。毛色は青毛のみで、ごく小さな星のみが認められています。

### 特徴
知的な印象の表情を浮かべた細長い頭部に典型的な小さな耳がついていて、馬体はコンパクトでパワフルです。強い四肢は骨格がしっかりしていて頑丈で、シルクのようなたてがみと尾は刈り込まず、自然のままにしています。脚を高くあげてスピーディーに速歩し、とにかく目が惹きつけられる品種です。

### 用途
牧場で働く輓馬(ばん ば)で、速歩レースでも活躍していましたが、20世紀半ばに復活する前はほとんど絶滅しかけていました。非常にパワフルな品種ですが、気性は穏やかで、個人あるいは商用の乗用馬として広く愛され、しばしば葬送にも使われます。可能性を秘めたエキサイティングな走りができ、何でもこなす器用な馬です。

### 繋がりのある品種
かなり古くから飼われているフリージアンは、多くの品種に影響を与えてきました。正式に交配が証明されている品種に、シャイアー、デールズ、フェル、ウェルシュ・コブ、オルデンブルグが含まれています。

### サイズ(体高)
牡馬：153－163センチ
　　　(15－16ハンド)
牝馬：153－163センチ
　　　(15－16ハンド)

### 原産地＆分布地域
同タイプの馬の骨がオランダのフリースランド州で発掘されており、氷河期を生き延びた大型冷血種がフリージアンの祖先だと考えられています。現在、ヨーロッパ全域、イギリス、北アメリカ、オーストラリア、ニュージーランドで飼育されています。

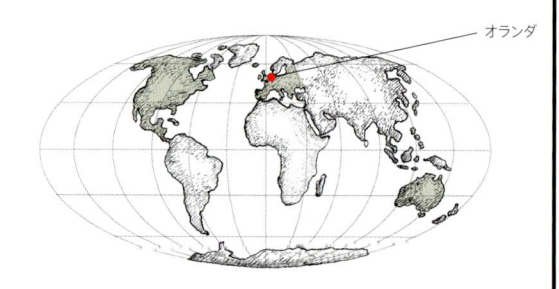

オランダ

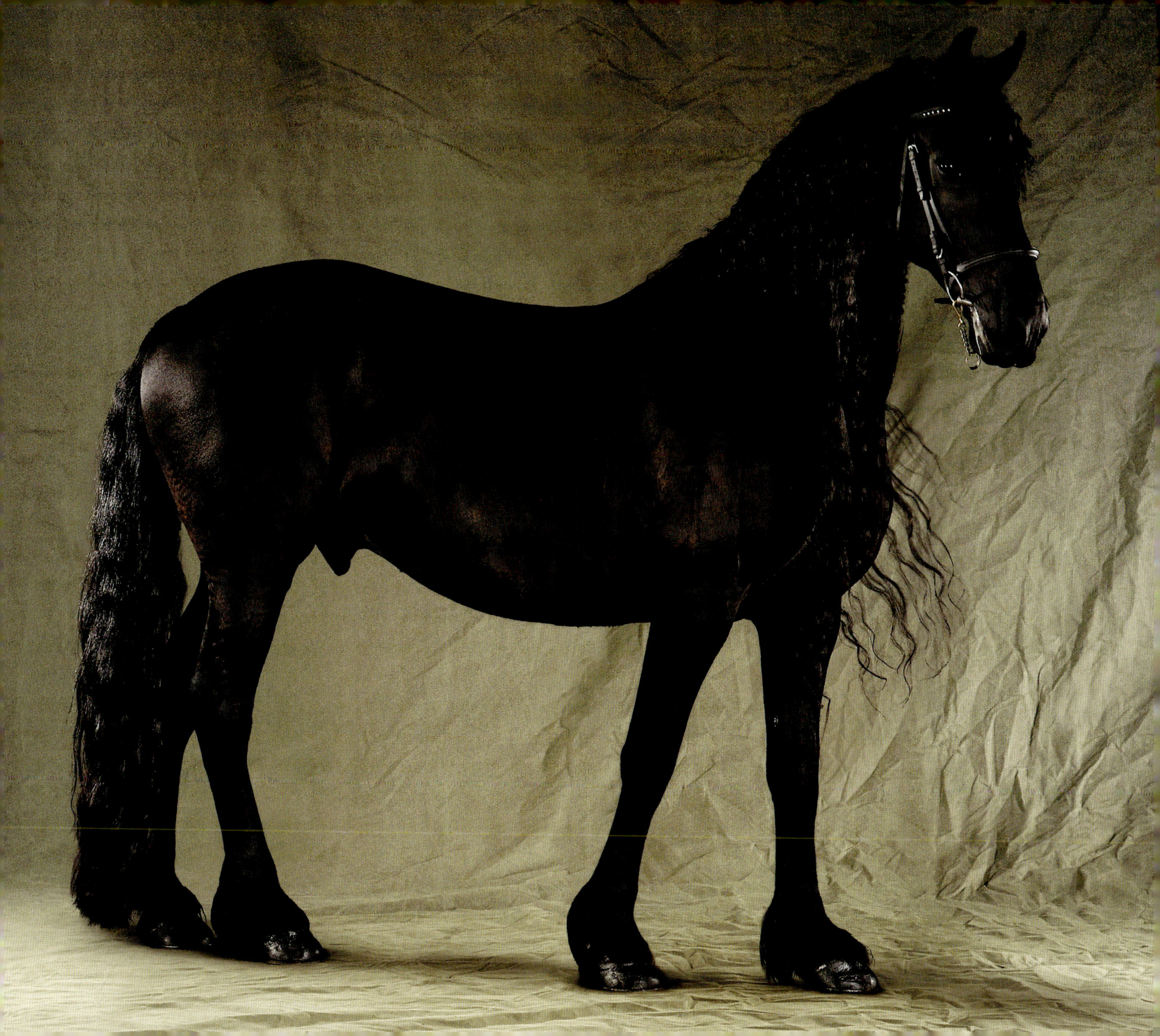

# ハフリンガー
## HAFLINGER
### 騸馬(せん)

パワフルな馬体に亜麻色のたてがみと尾をなびかせる姿が特徴的で、一目でハフリンガーだと分かります。体が非常に丈夫な働き者の在来馬で、長生きすることで知られ、30才を越えてもまだまだ働けるといわれています。オーストリア山間部のハフリングという村の名前から品種名がつけられました。かなり孤立した環境で飼われていましたが、今は品種標準が設定されています。

### 特徴
短くてパワフルな四肢が、厚みのある頑強な馬体を支える、いかにも在来馬らしい体型です。後躯(こうく)が発達しているため、とてもきびきびとした体の動きをします。額は広く、大きく知的な目と小さな耳をしています。毛色は栗毛だけで、顔と脚の白徴は認められています。

### 用途
険しい山間部の傾斜地で荷物を運んだり、農耕馬として使われていました。現在は、子供と大人両方のレジャーの乗用馬として高い需要があります。活発で賢い気質は、馬車競技にも適していて、ペアやチームになると毛色が調和して美しく、ショー・リングの花形です。

### 繋がりのある品種
フィヨルドやその他数種の北ヨーロッパ産の在来馬と祖先を共有していると考えられます。サフォークとも遺伝子上の共通性があります。

### サイズ(体高)
牡馬：138－148センチ
　　　(13.2－14.2ハンド)
牝馬：138－148センチ
　　　(13.2－14.2ハンド)

### 原産地 & 分布地域
ハフリンガーの祖先はオーストリア山間部に生息する頑強な在来馬で、19世紀にアラブとの交配により改良されました。第二次世界大戦後、ヨーロッパ、イギリス、北アメリカで人気が高まり、さらに近年、オーストラリアとニュージーランドに広がっています。

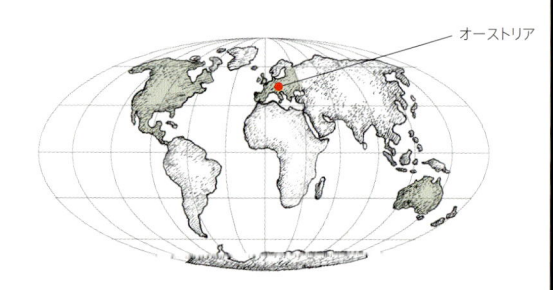

オーストリア

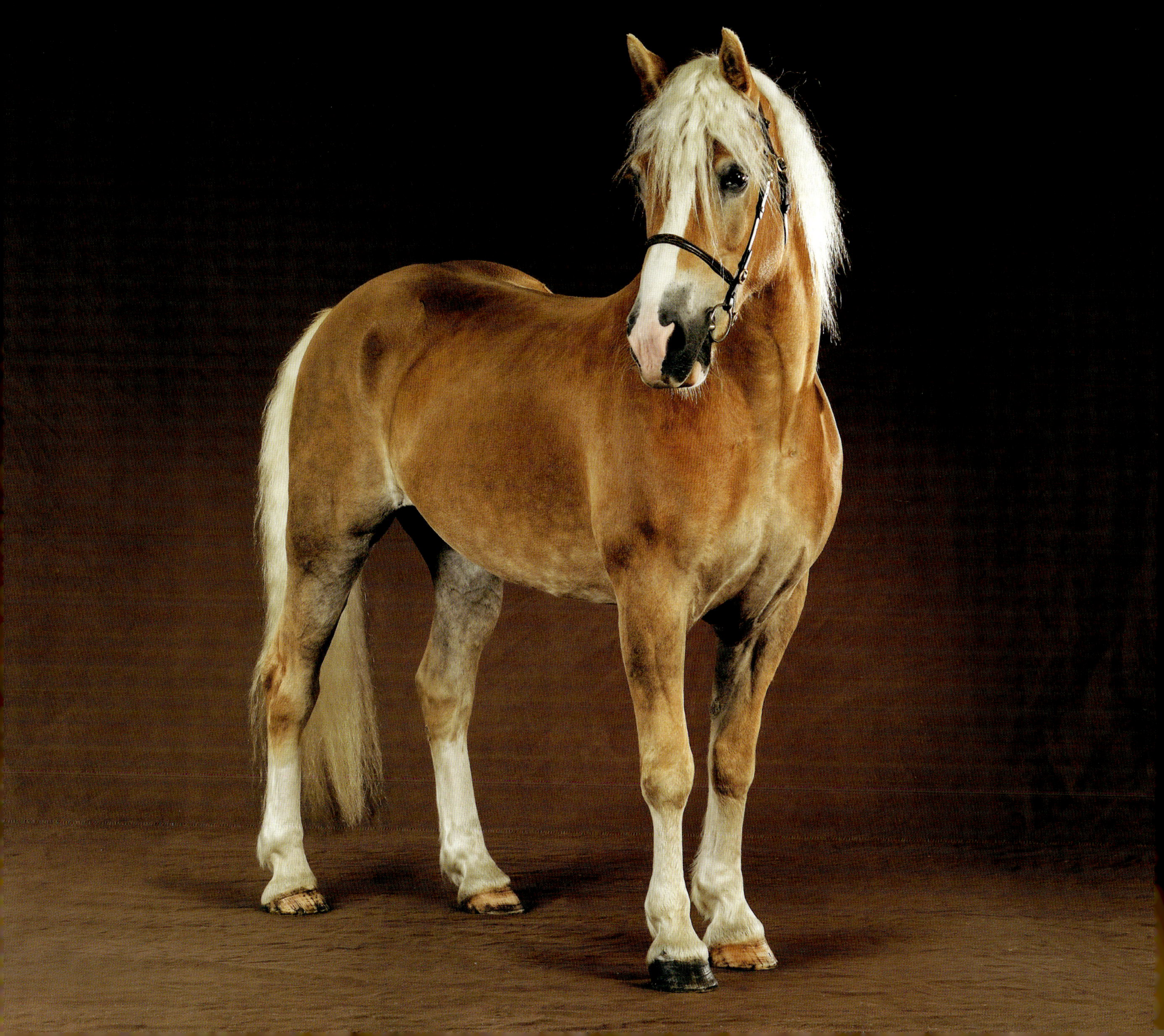

# ウェルシュ・マウンテン・ポニー
## WELSH MOUNTAIN PONY

種牡馬

これこそが最も美しいポニーだと、熱狂的ファンが賛美してやまないのが、ウェルシュ・マウンテン・ポニー（ウェルシュAタイプ）です。大きな目、小さな耳、広い額、先端に向かって細くなる鼻孔部を実際に目にしたら、なるほどと思うでしょう。印象的な体の動きと性質をしていて、スター性がにじみでています。イギリスのウェールズには、今も半野生個体が生息し、ウェルシュ・マウンテン・ポニーの頑強な資質を維持しています。

### 特徴
単色の毛色はすべて認められています。芦毛が多く、月毛、栗毛（たてがみと尾が亜麻色のケースが多い）、鹿毛も見られます。顔と脚の白徴が認められています。ショー・リングで映えるはっきりとした動きの速歩をします。厚みがありながら運動に適した馬体を短く頑丈な四肢が支えています。

### 用途
極めて頑強で、足さばきが確かなウェルシュ・マウンテン・ポニーは、羊飼いの片腕として活躍し、その力強さは小柄な大人を乗せられるほどでした。現在、乗用とイン・ハンドでショー・リングのスター的存在です。飛越も得意で、子供の乗用ポニーとして万能です。また、馬車競技にも長けていて、クラス別競技でもショーでもよい成績をおさめています。

### 繋がりのある品種
ローマ人によってイギリスに持ち込まれたアラブなどの東洋系馬の影響があると考えられています。ウェルシュ・マウンテン・ポニーは、ブリティッシュ・ライディング・ポニーの改良に使われ、ポニー・オブ・アメリカとオーストラリアン・ポニーにも影響を与えています。

### サイズ（体高）
牡馬：122－127センチ
　　　（12－12.2ハンド）
牝馬：122－127センチ
　　　（12－12.2ハンド）

### 原産地＆分布地域
名前が示すように、ウェルシュ・マウンテン・ポニーの故郷は、イギリスのウェールズです。現在、世界各地で飼育されています。

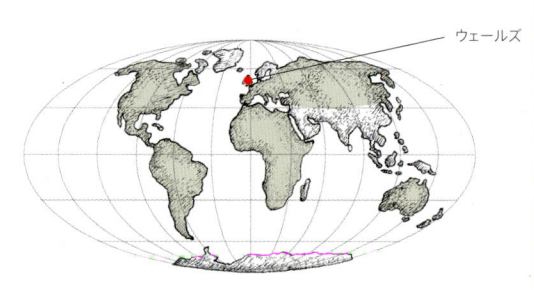

ウェールズ

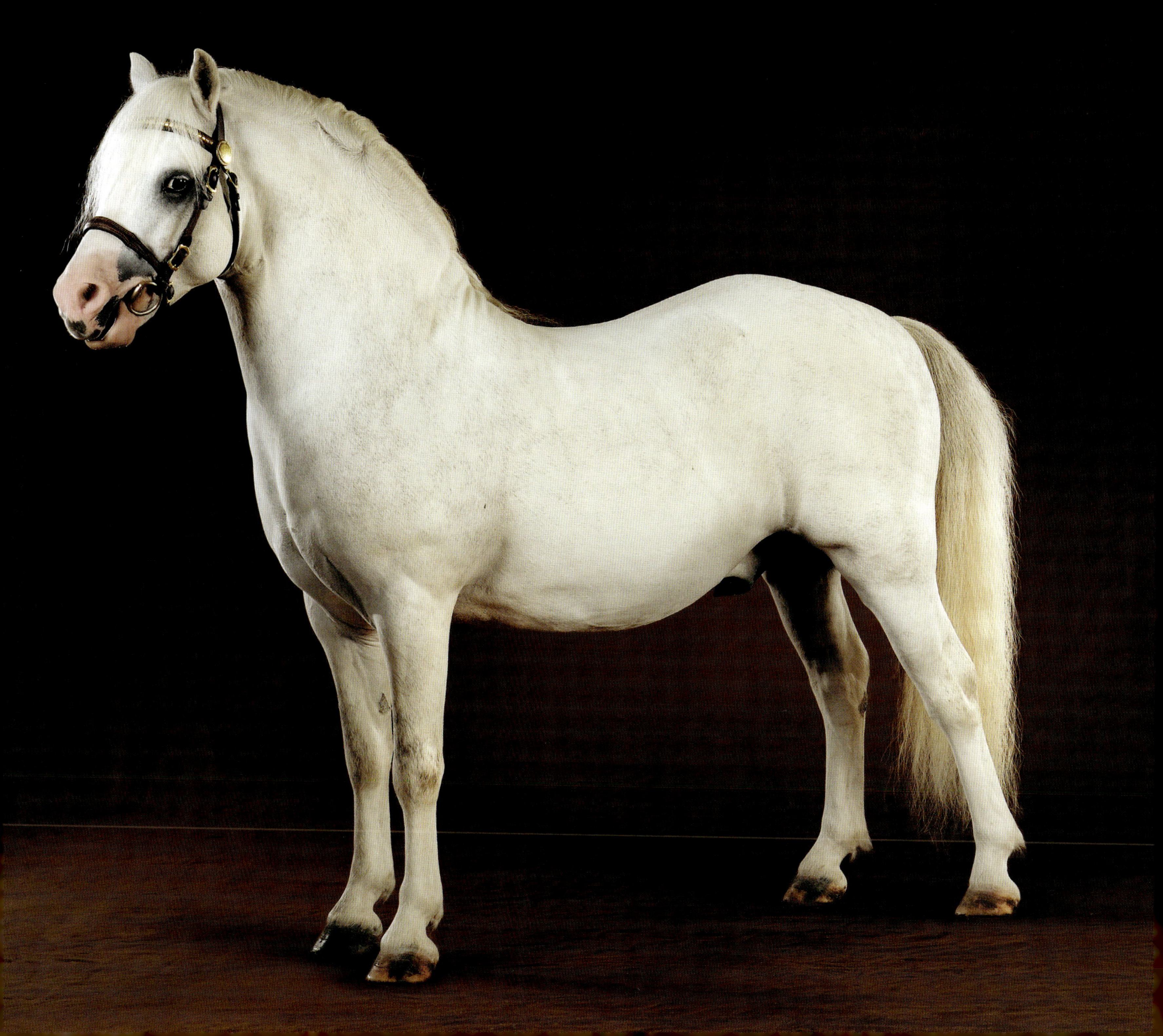

## カラード・コブ
### COLOURED COB
騙馬(せん)

ロマ民族(ジプシー)が飼っていた在来馬を起源とするのが、カラード・コブです。幌のかかった大型のトレーラーを引いているうちに、強靭な馬体と四肢が発達しました。ロマの一家と生活を共にし、子供たちが日々の世話をし、背中に乗っていた歴史がカラード・コブの穏やかな気質に表れています。しっかりと調整された馬体で、きびきびとした速歩を披露します。

### 特徴
多くの個体が、青鹿毛、青毛、栗毛に白毛の入った2色のコンビネーションの毛色で、豊かなたてがみと尾、ふさふさの距毛(きょもう)をしています。ショー・リングには、豊かなたてがみと尾と距毛をそのままに伝統的なスタイルで登場するケースと、右の写真のようにたてがみを刈り込み、距毛(きょもう)を短くトリミングするスタイルがあります。

### 用途
穏やかながらやる気に満ちた気性と体力を持ちあわせるカラード・コブは、移動生活を営むロマ社会から広い世界へと広まっていき、今ではすべての競技に登場する乗用馬として尊ばれています。現在も馬車用として重宝されているカラード・コブは万能馬で、ホース・ショーでは独自のクラスがあり、協会も設立されています。

### 繋がりのある品種
ロマたちがどのようにしてこの在来馬を創りあげたのか、解明されていませんが、シャイアー、クライズデール、デールズ、フェルが交配され、さらに近年ではウェルシュ・コブとの交配が行われたのではないかと推測されています。

### サイズ(体高)
ポニー：最大148センチ(14.2ハンド)
馬：148センチ以上(14.2ハンド)

ポニーと馬の違いを示すための数値で、個体のサイズはさまざまです。

### 原産地＆分布地域
世界中で尊ばれている在来馬で、ヨーロッパ本土、イギリス、北アメリカ、オーストラリア、ニュージーランドで飼育されています。

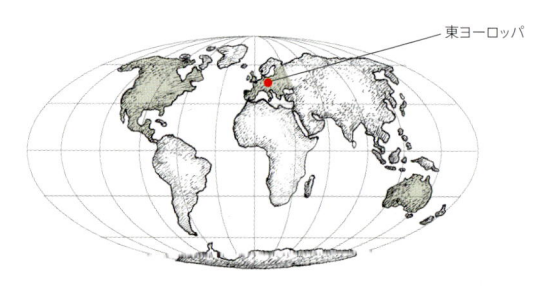

東ヨーロッパ

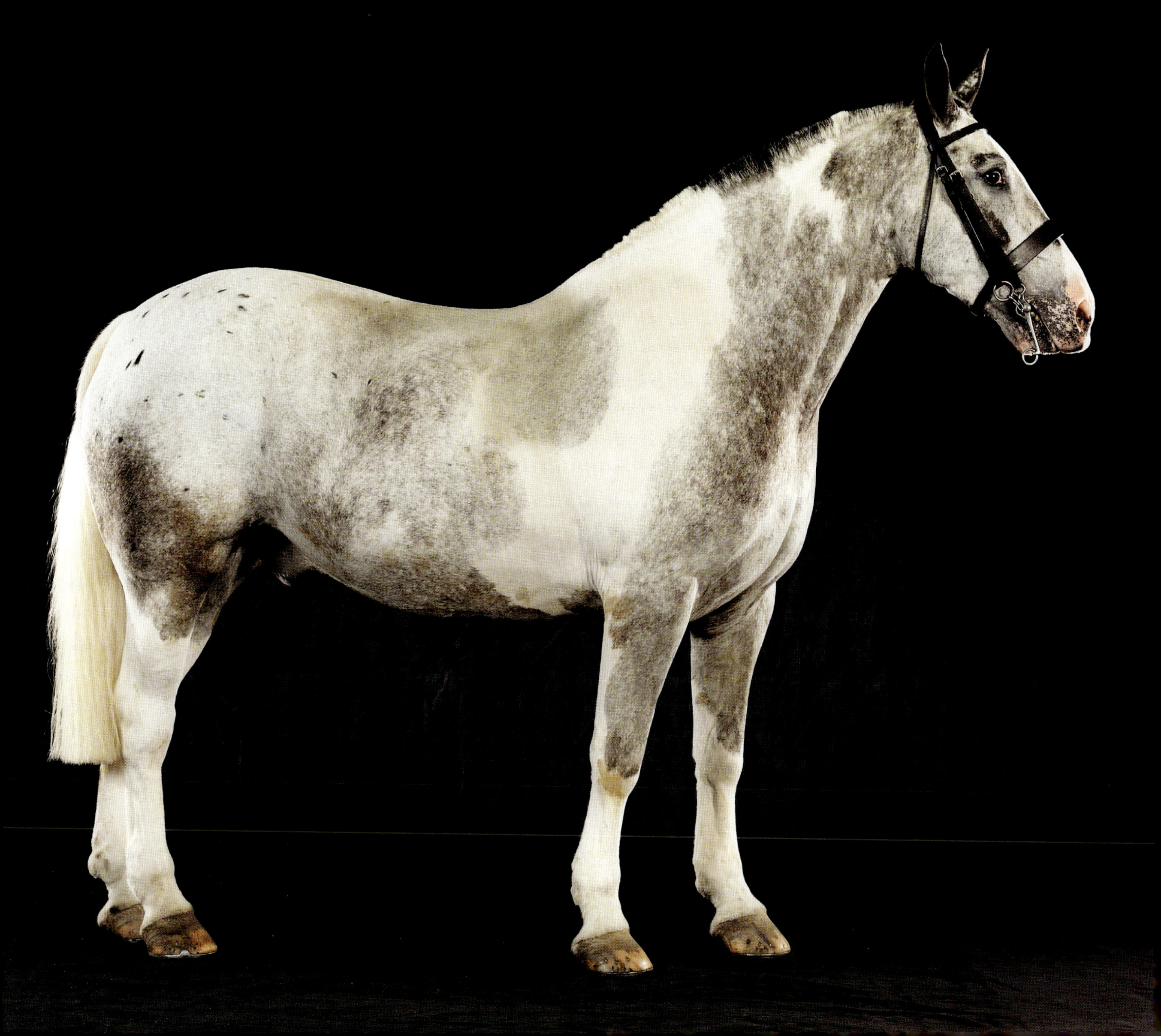

# トラディショナル・カラード・コブ
## TRADITIONAL COLOURED COB
騸馬(せん)

は っきりとした2色づかいの毛色と豊かな毛がトレードマークである、トラディショナル・カラード・コブは、もともと、ロマ民族によって飼育され、彼らのトレーラーを引きながら生活を共にしていました。第一次世界大戦中、多くの馬が軍に徴発されましたが、戦場で目立ってしまうという理由で、毛色が2色の馬は免除されることになったのです。その結果、徴発されないですむトラディショナル・カラード・コブの人気が高まり、飼育数が増加しました。

### 特徴
毛色は、青毛、青鹿毛、栗毛に白毛のコンビネーションです。トリミングをしていない自然の状態では、たてがみは地上に届くほど豊かで、尾も距毛(きょもう)もたっぷりとしています。ショー・リングには、自然の美しさのまま、あるいは、しっかりと刈り込んだ姿で登場する両方のケースがあります。

### 用途
やる気に満ちた万能馬ですが、シルクのように美しい距毛(きょもう)とたてがみを磨きあげて、馬車を引いたり、ショー・リングに登場したり、ユニークな姿を多く披露しています。

### 繋がりのある品種
ロマによる品種改良の記録は残っていませんが、シャイアー、クライズデール、デールズ、フェルが交配され、さらに近年では、ウェルシュ・コブとの交配が行われたのではないかと推測されています。

### サイズ(体高)
ポニー：最大148センチ(14.2ハンド)
馬：148センチ以上(14.2ハンド)

ポニーと馬の違いを示すための数値で、個体のサイズはさまざまです。

### 原産地&分布地域
中世の時代から飼育されているトラディショナル・カラード・コブは、現在、ヨーロッパ、イギリス、北アメリカ、オーストラリア、ニュージーランドで飼育されています。

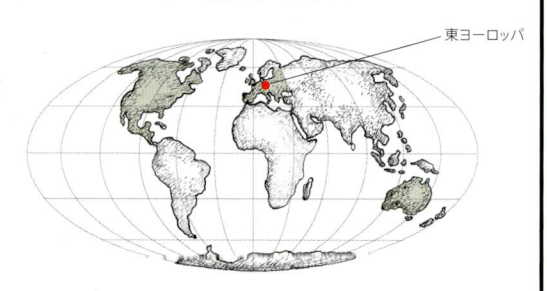

東ヨーロッパ

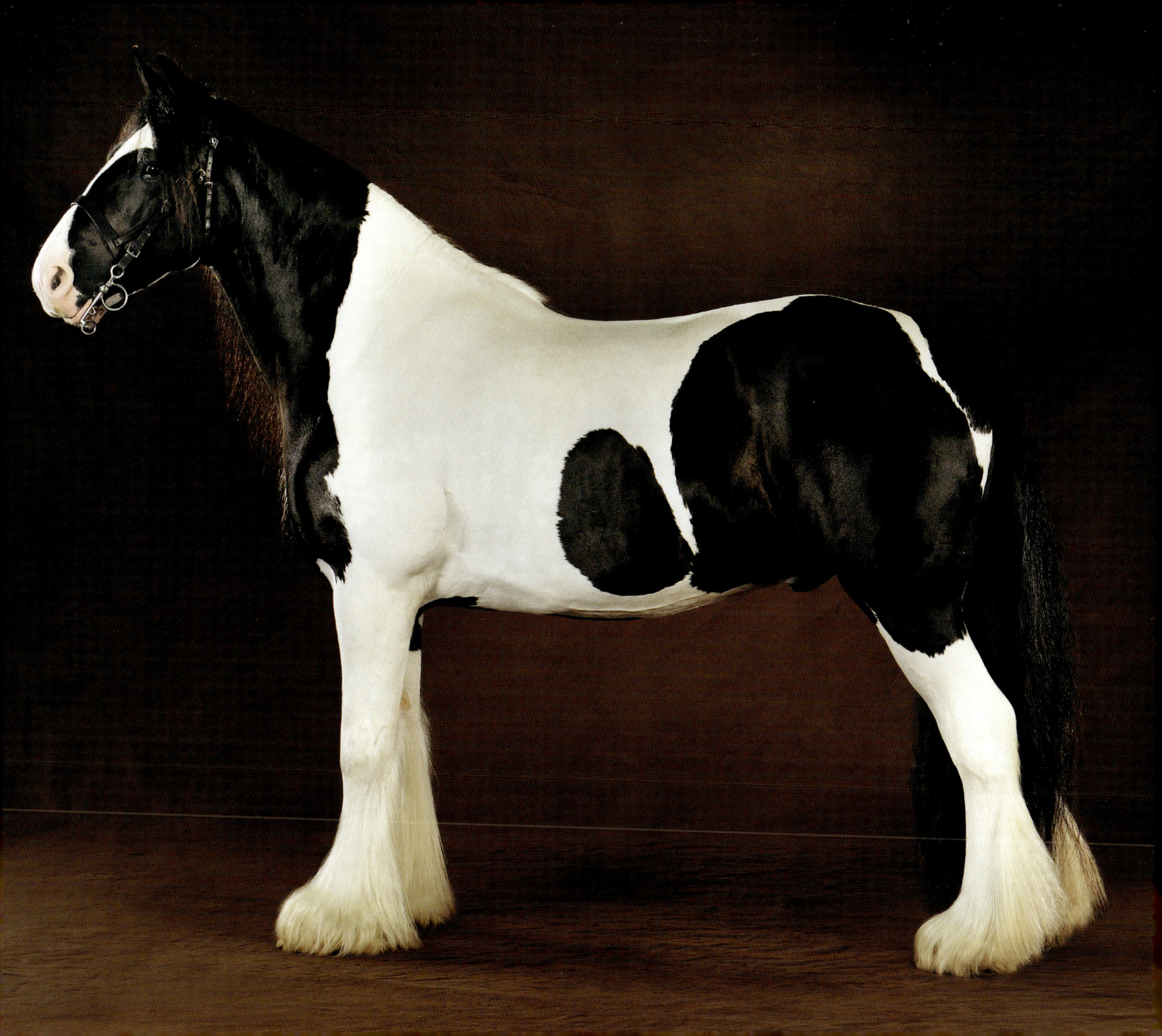

# ウェルシュ・ポニー
## WELSH PONY

牝馬

エレガントで実用的な子供向けの乗用馬であるウェルシュ・ポニーは、乗用タイプのウェルシュ・ポニーやウェルシュBタイプとも呼ばれています。ポニーの特性を保ちながら、アラブとポロ・ポニーとの交配により、体のサイズが大きくなり、骨格が洗練され、競技向きのポニーが誕生しました。1960年代後半、子供用ポニーの需要の高まりを受けて行われた改良です。

### 特徴
毛色は単色で、顔と四肢の白徴が認められています。速歩する姿は、まるで地上に浮いているようで、流れるような自由な動きをします。とても小さい頭部が特徴的で、首は比較的長く、短い背、広い胸、勾配のある肩がウェルシュ・ポニーの運動能力をバックアップしています。

### 用途
華のあるパフォーマーで、障害飛越やジュニアの馬場馬術によく登場します。非常に多才で、ポニー・クラブ用に最適な品種です。ショー・リングでは、イン・ハンドでも鞍をつけてもエレガントな動きで自然な演技を繰り広げます。スタイリッシュで実用的な乗用ポニーです。

### 繋がりのある品種
ウェルシュ・マウンテン・ポニーをベースに、アラブ、サラブレッド、ポロ・ポニーを交配して創られた品種で、現在は品種標準が設定されています。ブリティッシュ・ライディング・ポニーを生み出す基盤となり、ポニー・オブ・アメリカやウェララ・ポニーの改良にも使われています。

### サイズ（体高）
牡馬：最大138センチ
　　　（13.2ハンド）
牝馬：最大138センチ
　　　（13.2ハンド）

### 原産地＆分布地域
羊飼いのポニーに起源を持ち、改良後も原産地のウェールズで人気が高く、現在は世界中で飼育されています。

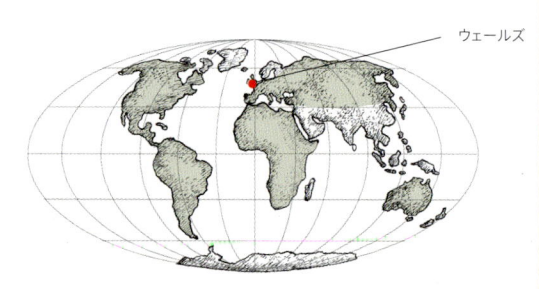

ウェールズ

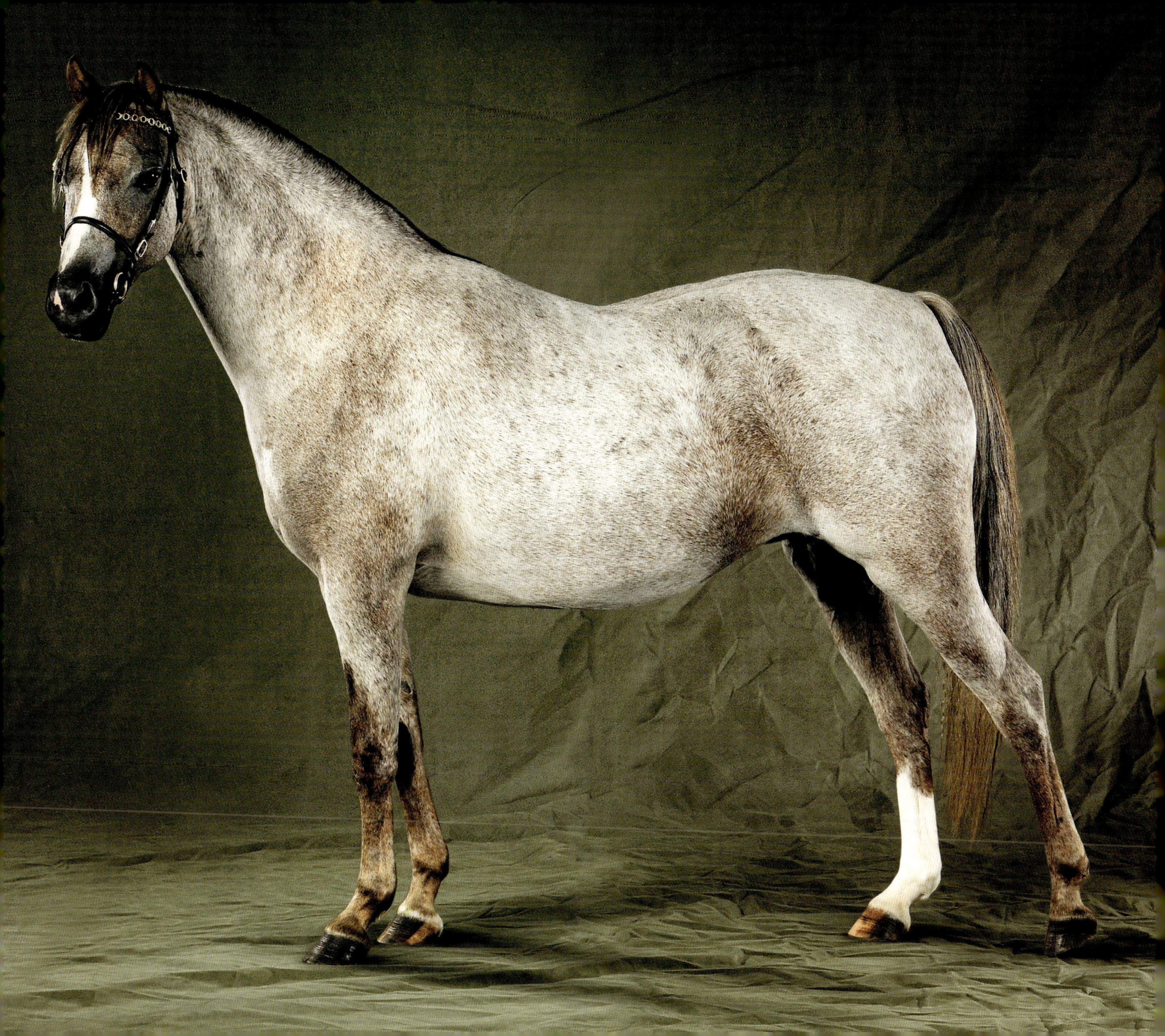

# シェトランド
## SHETLAND
### 種牡馬

小柄でずんぐりとしていますが、非常にたくましいことで知られるポニーです。スコットランドの北方にあるシェトランド諸島の荒涼とした厳しい環境で、半野生で暮らしていたシェトランドは、生き延びるために過酷な状況に巧く適応し、今では子供の乗用ポニーとして世界中で愛されています。

### 特徴
小さな斑点入り以外ならば毛色は何でもよく、青鹿毛と白毛などの2色の毛色も認められています。短くて頑丈な四肢をしていて、丸みのある馬体にたっぷりとしたたてがみと尾、小さい耳がついています。動きはまっすぐ正確で、足どりは非常にしっかりしています。原産地の険しい地形に鍛えられた結果です。

### 用途
小作農地の役馬として重要な役目を果たし、燃料用の泥炭の運搬にも不可欠な存在でした。その後、小さな体が地下での作業に適していることから、イギリス、その他の国々で炭鉱作業によく使われるようになります。現在は、手綱をつけた、あるいは手綱なしの子供が初めて乗るポニーとして知られ、品種内でのクラス別競技も行われています。馬車競技用としても需要が高く、障害物が置かれたコースを時間内に疾走する種目で人気です。

### 繋がりのある品種
原産地が島であるシェトランドは、他種の影響を受けることなく生息してきました。北ヨーロッパ原産の他の在来馬たちと祖先を共有しているのではないかと考えられています。

### サイズ（体高）
牡馬：最大107センチ
　　　（10.2ハンド）
牝馬：最大107センチ（10.2ハンド）

### 原産地＆分布地域
シェトランド諸島には青銅器時代から小型の在来馬が生息していました。ツンドラ在来馬と南ヨーロッパの山岳地帯で飼育されていた在来馬が祖先で、バイキングが連れてきた品種の影響が入っているのではないかという説があります。現在、フォークランド諸島と北極圏を含む世界中で飼育されています。

スコットランド

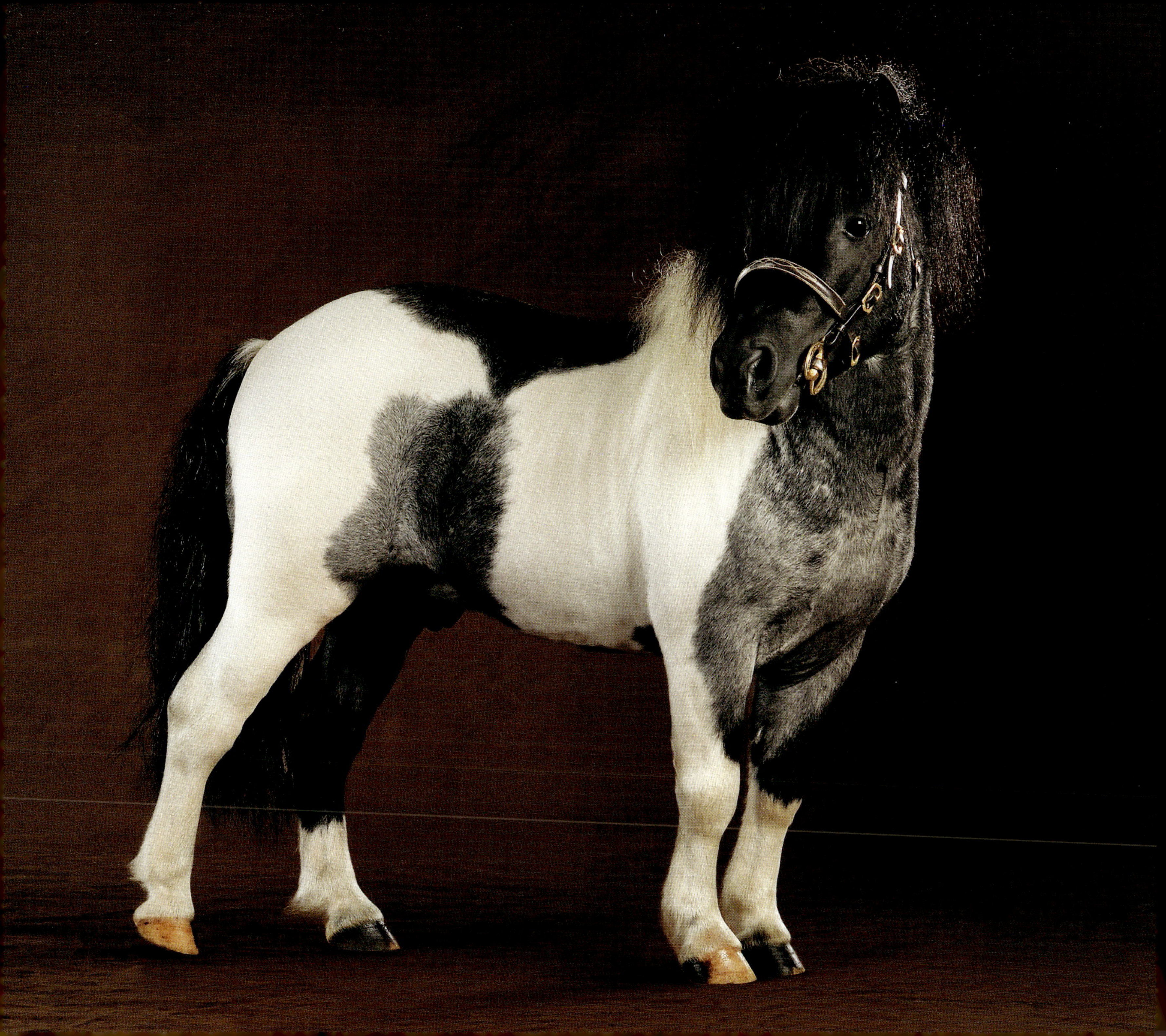

## ファースト・リデン・ライディング・ポニー
### FIRST RIDDEN RIDING PONY

牝馬

エレガントな四肢、長い歩幅、こぢんまりとかわいらしい頭部をしている魅力的なポニーで、「ショー・ポニー」としておなじみです。ブリティッシュ・ライディング・ポニーという総称で分類される場合もあります。手綱は卒業していて、高度なクラスにエントリーする前の段階の10歳までの子供を対象とする乗用ポニーとして活用されています。

### 特徴
ポニーは、非常にマナーがよく、子供でも乗ることができる状態でなければならないのに加え、エレガントで人目を引く存在でなくてはなりません。右ページの写真のポニーは、たてがみと尾が編み込まれ、カラフルな額革をつけています。この額革は、騎手が身につけるリボンやボタン穴にさす飾り花とよくコーディネートされます。ポニーの優しい気質がよく表れている魅惑と優雅さに溢れたポートレートです。

### 用途
1920年代以降、ホース・ショーの人気が高まり続ける中、子供の乗用に適したタイプのポニーを求める声があがります。ショー・リング用に開発されたファースト・リデンですが、イン・ハンドでショーに出ることもあります。ポニー・クラブでも姿が見られ、ジュニアの馬場馬術に参加したり、鋭い飛越を披露したりする個体もいます。

### 繋がりのある品種
ウェルシュ・ポニーやダートムアなどの在来馬やポロ・ポニー、小型のサラブレッドやアラブを使って開発されました。

### サイズ（体高）
牡馬：122－148センチ
　　　（12－14.2ハンド）
牝馬：122－148センチ
　　　（12－14.2ハンド）

### 原産地＆分布地域
初期の乗用ポニーは一代交配種でしたが、現在、ブリティッシュ・ライディング・ポニーには独自の血統書があり、ショー・ポニーとして認知されています。これが先例となり、もっと軽量でエレガントな子供向け乗用ポニーを開発しようという動きがアメリカなどの国々に広がっています。

イギリス

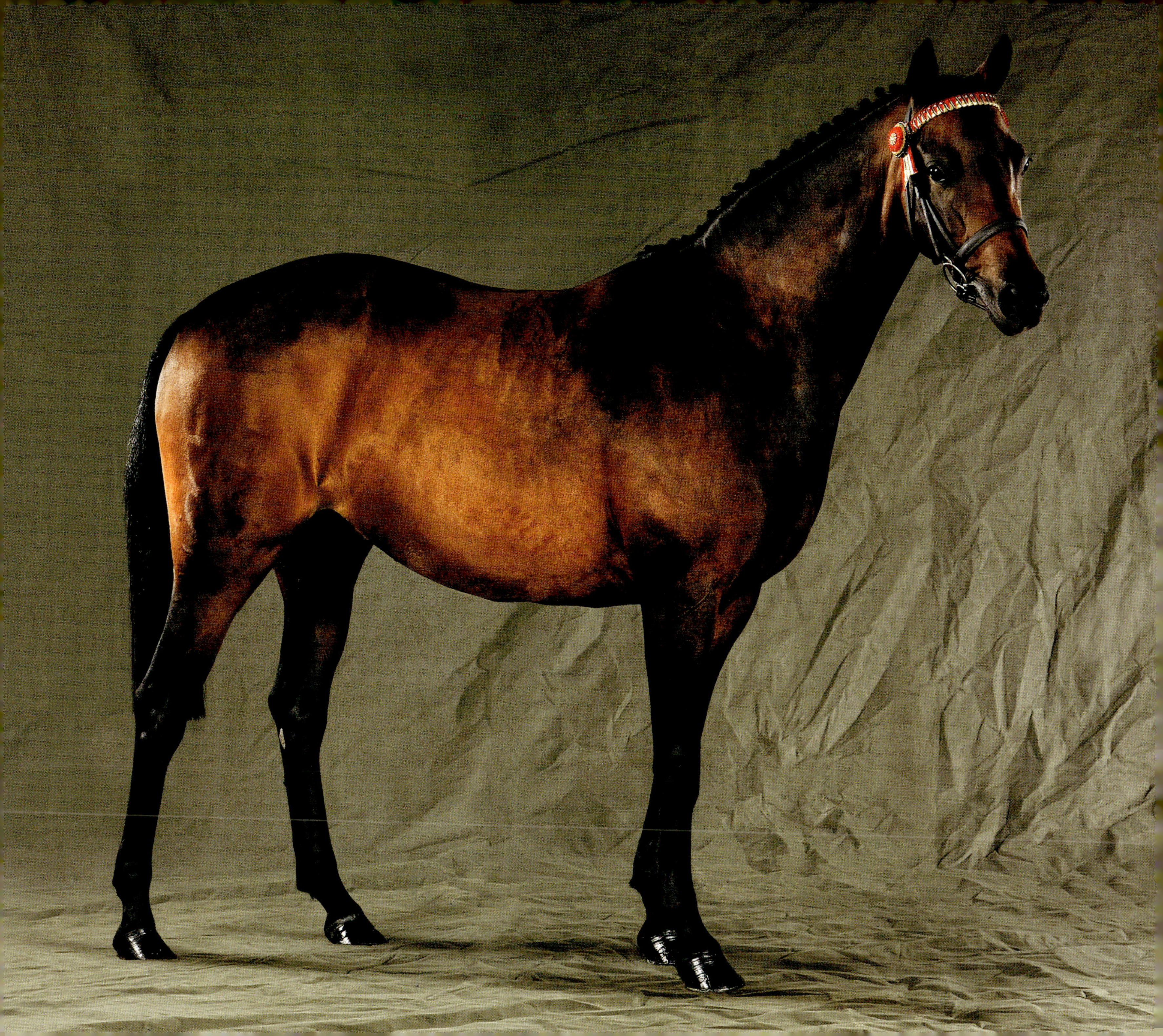

# ウェルシュ・コブ
## WELSH COB
種牡馬

ウェルシュDタイプとも呼ばれるウェルシュ・コブは、他のどの在来馬よりも膝をしっかり高くあげて速歩をする、パワフルでコンパクトな体をした在来馬です。膝を高くあげられるのは、よくしなる柔軟な後脚でバランスを取ることが可能なためで、それによって速いスピードで駆けることができるのです。2005年、ウェールズのアバラエロンという町に、ウェルシュ・コブの功績を讃える実物大の像が設置されました。

### 特徴
単色の毛色はすべて認められます。顔と四肢の白徴は承認されていて、四肢の白徴は、脚の動きを際立たせる膝まで白いストッキングが好まれます。短くて頑丈な四肢に大きな後躯（こうく）で、またがっしりとした体型で、スタミナに溢れています。非常に形のよい頭部が高い位置についています。

### 用途
もともと小さな農場で働く農用在来馬で、速歩レースにも出ていました。重量を乗せられ、エキサイティングな走りをするため、現在は、大人向けの乗用在来馬として人気があります。飛越にも長けています。また、体の動きと力強さが見事に連動する馬車用在来馬としてもユニークな存在です。

### 繋がりのある品種
フェルとデールズと遺伝上の共通点が多いと考えられます。アラブや東洋系馬の影響も受けています。

### サイズ（体高）
牡馬：137.2センチ以上
　　　（13.2ハンド）
牝馬：137.2センチ以上
　　　（13.2ハンド）

### 原産地＆分布地域
数々のウェルシュ・コブ種馬飼育場が設立されているウェールズの西海岸エリアが原産地です。世界中に広がり、飼育されています。

ウェールズ

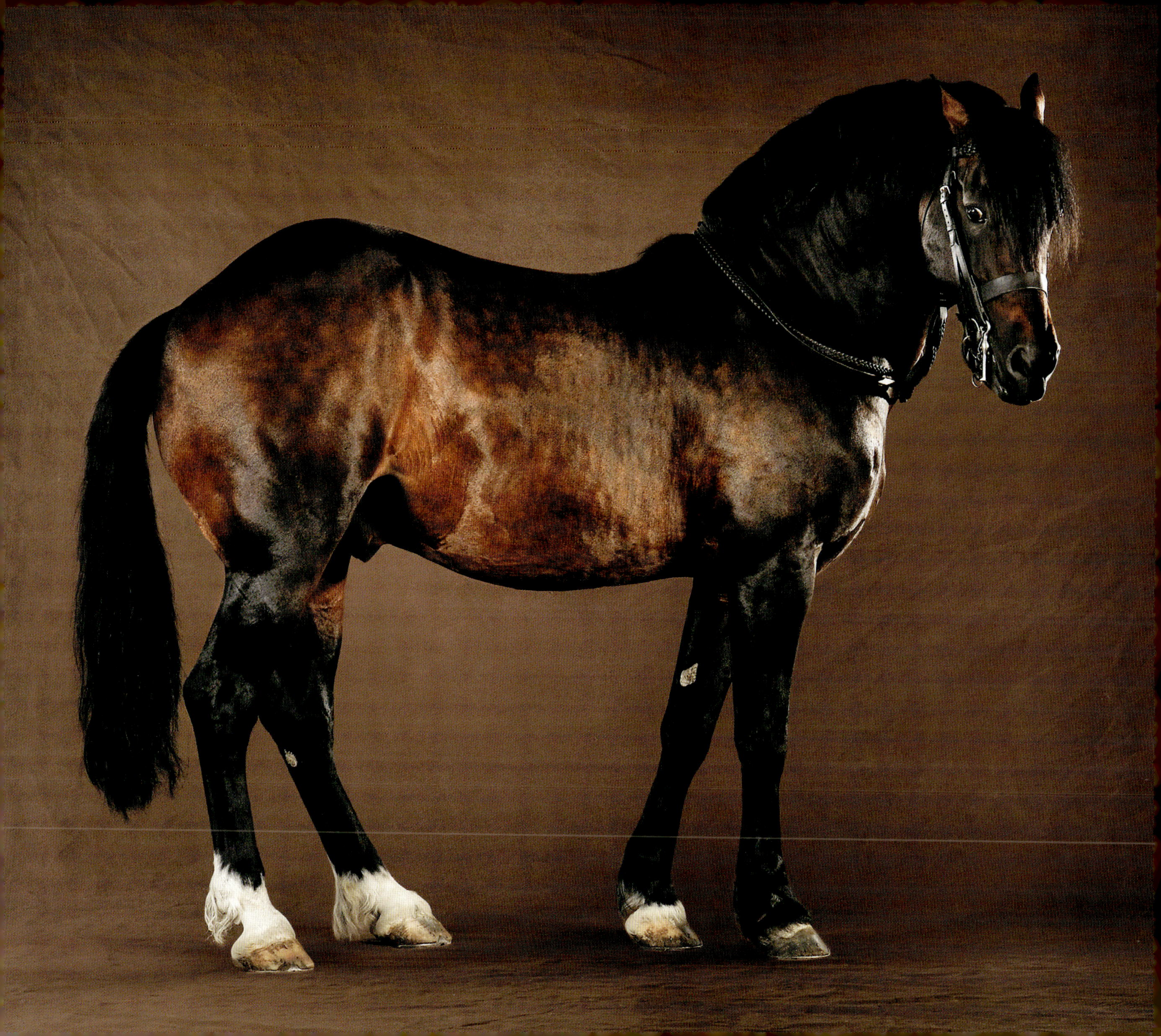

# ハノーバー

## HANOVERIAN

牝馬

18世紀、ハノーバー朝第二代イギリス国王であるジョージ2世が遺した飼育場で誕生したハノーバーは、最も古い温血種の1つであり、ブリティッシュ・ウォームブラッドなど、他の温血種タイプの馬の改良に長年使われてきました。農用と乗用の両方の機能を持つ馬として開発されたハノーバーは、サラブレッドとの幾度にもわたる交配により、花形スポーツ馬へと変身しました。

### 特徴
見事な体型と運動能力を持ちあわせるハノーバーは、厚みのあるたくましい馬体、勾配した肩、形のよい中型の頭部を持つ、洗練された姿態の馬です。単色の毛色は、栗毛と鹿毛が多く、他にさまざまな毛色が見られます。ショー・リングに登場する時は、たてがみは編み込まれ、尾は編み込みかトリミングがされます。

### 用途
オリンピックの馬場馬術と障害飛越競技で数々のメダルを獲得し、総合馬術競技でもよい成績をあげています。アメリカでは、狩猟馬として活躍しています。トップレベルの競技用馬として開発された品種ですが、すべてのレベルの多くの人々に使われています。

### 繋がりのある品種
スペインの在来馬アンダルシアンとホルスタインをベースに開発され、18世紀の馬車用馬と交配が行われ、さらに第二次世界大戦後、サラブレッドとトラケーネンが再度交配されました。

### サイズ（体高）
牡馬：158－171センチ
　　（15.2－16.3ハンド）
牝馬：158－171センチ
　　（15.2－16.3ハンド）

### 原産地 & 分布地域
1735年、ジョージ2世がドイツ北部ハノーバーのツェレに種馬飼育場を設立し、ホルスタインとイギリスのサラブレッドを導入したことからハノーバーが誕生しました。現在では、世界中で飼育されています。

ドイツ

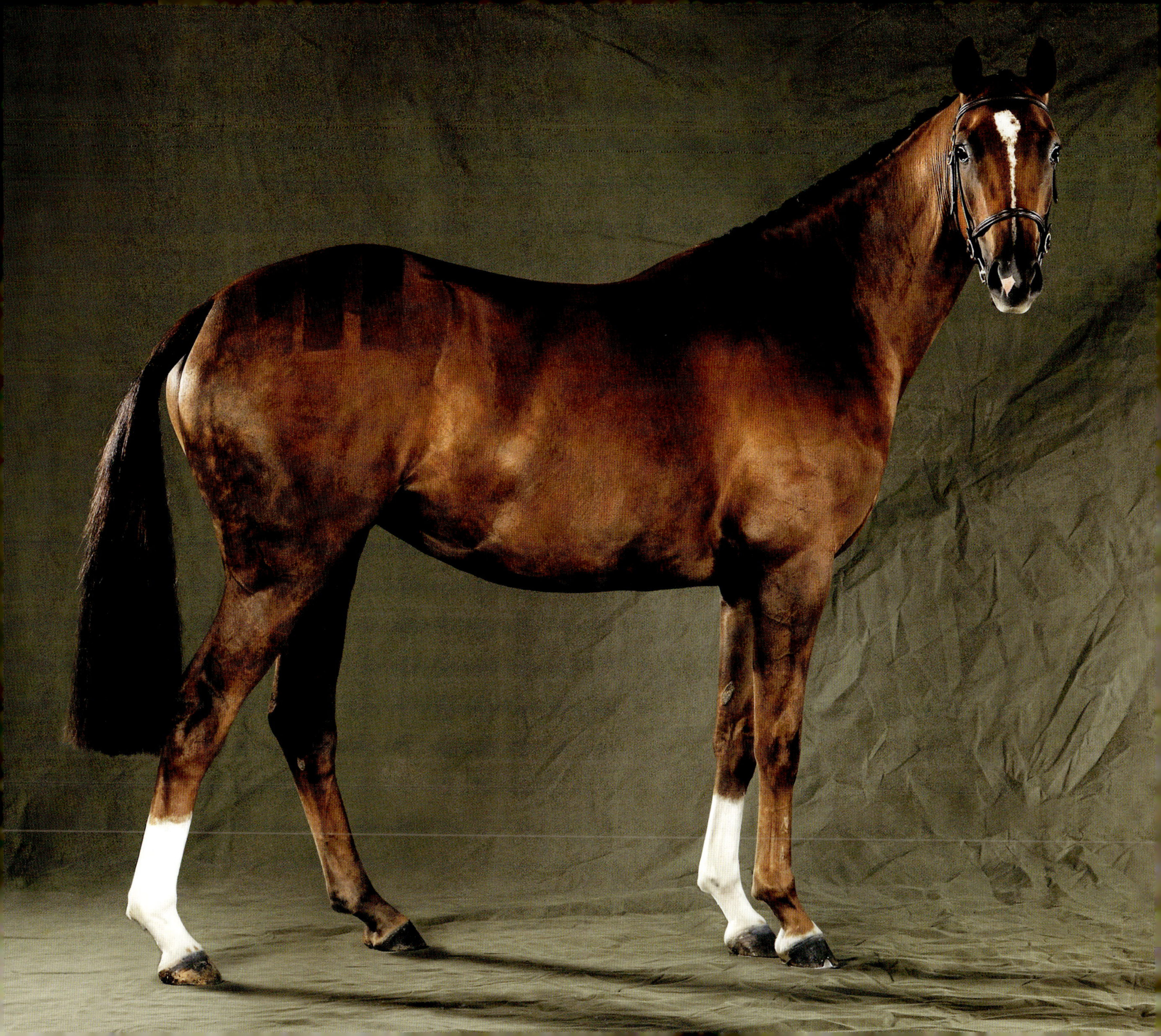

# ミニチュア・ホース
## MINIATURE HORSE
種牡馬

ミニチュア・ホースにはいろいろなタイプがありますが、すべてに共通している特徴は、極小サイズだということです。小型なのに、ポニーではなく、「縮小形の馬」と呼ばれているのは、体型とプロポーションがポニーよりも馬に近いからです。ヨーロッパと南アメリカでさまざまなタイプのミニチュア・ホースが改良され、今ではこの小さな馬の繁殖をサポートする協会や団体が世界中に設立されています。

### 特徴
それぞれ生まれが異なるため、ミニチュア・ホースには、ずんぐりしたものやすらりとしたものなど、さまざまなタイプがあります。すべての色が認められているため、毛色もバラエティーに富んでいます。ペットとして飼われることが多く、警戒心を持ちつつ、落ち着いた性格であることが求められます。

### 用途
1800年代半ば、北ヨーロッパでは採掘場で使われているケースがありました。現在も時々小型の荷車を引くのに用いられますが、調教を受けた動物が治療の一環として病気の人たちを訪れるペット・セラピーに利用されることが増えいます。

### 繋がりのある品種
タイプが多種多様であるミニチュア・ホースは、多くの品種の影響を受けてきました。シェトランド、ダートムア、ポニー・オブ・アメリカ、ハクニー、そしてとりわけアルゼンチンのファラベラというミニチュア・ホースから大きな影響を受けています。

### サイズ（体高）
牡馬：最大86—97センチ（8.2—9.2ハンド）
牝馬：最大86—97センチ（8.2—9.2ハンド）

### 原産地＆分布地域
1650年頃、ヨーロッパのハプスブルグ家のペットとして飼育されたのがミニチュア・ホースの始まりです。その後、独得な品種であるファラベラがアルゼンチンで改良されました。現在は、アメリカがミニチュア・ホース改良の先進国ですが、イギリス、ヨーロッパ、オーストラリア、ニュージーランドでも人気が出ています。

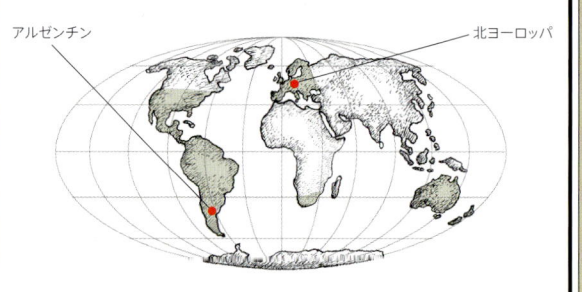

アルゼンチン　　　北ヨーロッパ

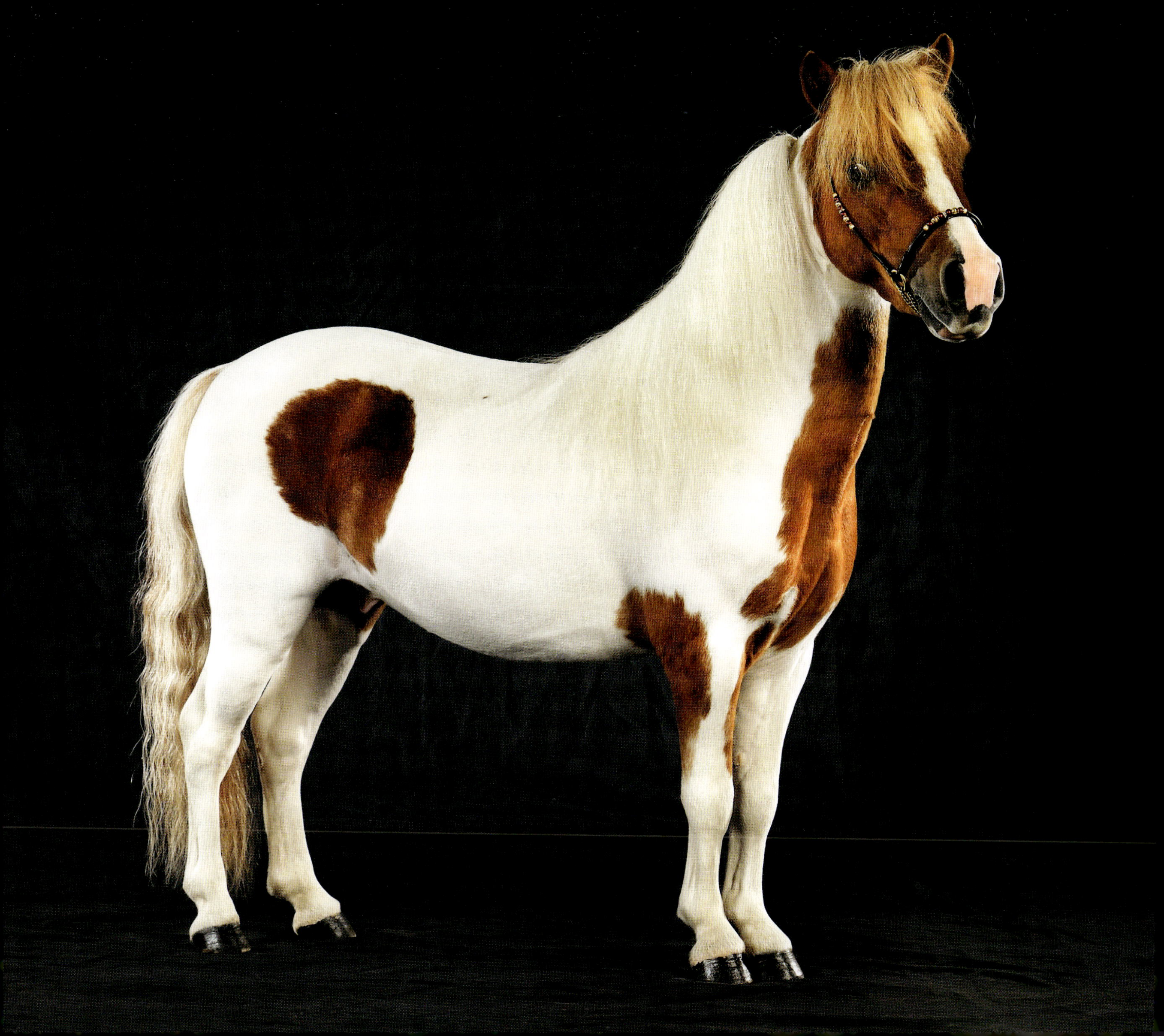

# ライディング・ホース
RIDING HORSE

騸馬(せん)

どの馬も人を乗せることはできますが、ショー・リング用の乗用馬とタイプが明確に定義されているのがライディング・ホースです。体型上の特徴だけではなく、演技の仕方やマナー、騎手への従順性も考慮されます。乗り心地がよくエレガントな質の高い乗用馬を求めるのは、今に始まったことではありませんが、ライディング・ホースが標準化されたのは20世紀後半になってからです。

### 特徴
平均体重の大人を、ものおじせずに活発に乗せられ、しなやかに動き、広い歩幅で軽快に闊歩できなければなりません。適切な体型で体がよく動くように改良されています。

### 用途
ショーにはイン・ハンド、騎手を乗せたスタイル、あるいは横乗りのサイド・サドルで登場することもあります。いつも美しい姿で演技場に姿を現すライディング・ホースは、飾りつけた額革をつけてもよい規程になっています。たてがみと尾はきちんと編み込まれ、トリミングがされます。遠乗りや狩猟、飛越競技もこなすレジャー向きの馬でもあり、馬場馬術やホース・トライアルでも活躍しています。

### 繋がりのある品種
サラブレッドの影響を強く受けています。その資質の多くをコネマラなどの大型の在来馬から引き継いでいます。

### サイズ（体高）
以下の細別がされています。
小型：148－158センチ
　　　（14.2－15.2ハンド）
大型：158センチ以上
　　　（15.2ハンド）

### 原産地＆分布地域
ライディング・ホースは馬のタイプの1つとして 20世紀に開発され、現在、主にヨーロッパ、北アメリカ、オーストラリア、ニュージーランド、南アメリカで飼育されています。

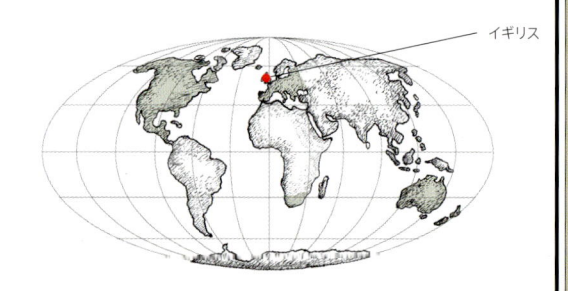

イギリス

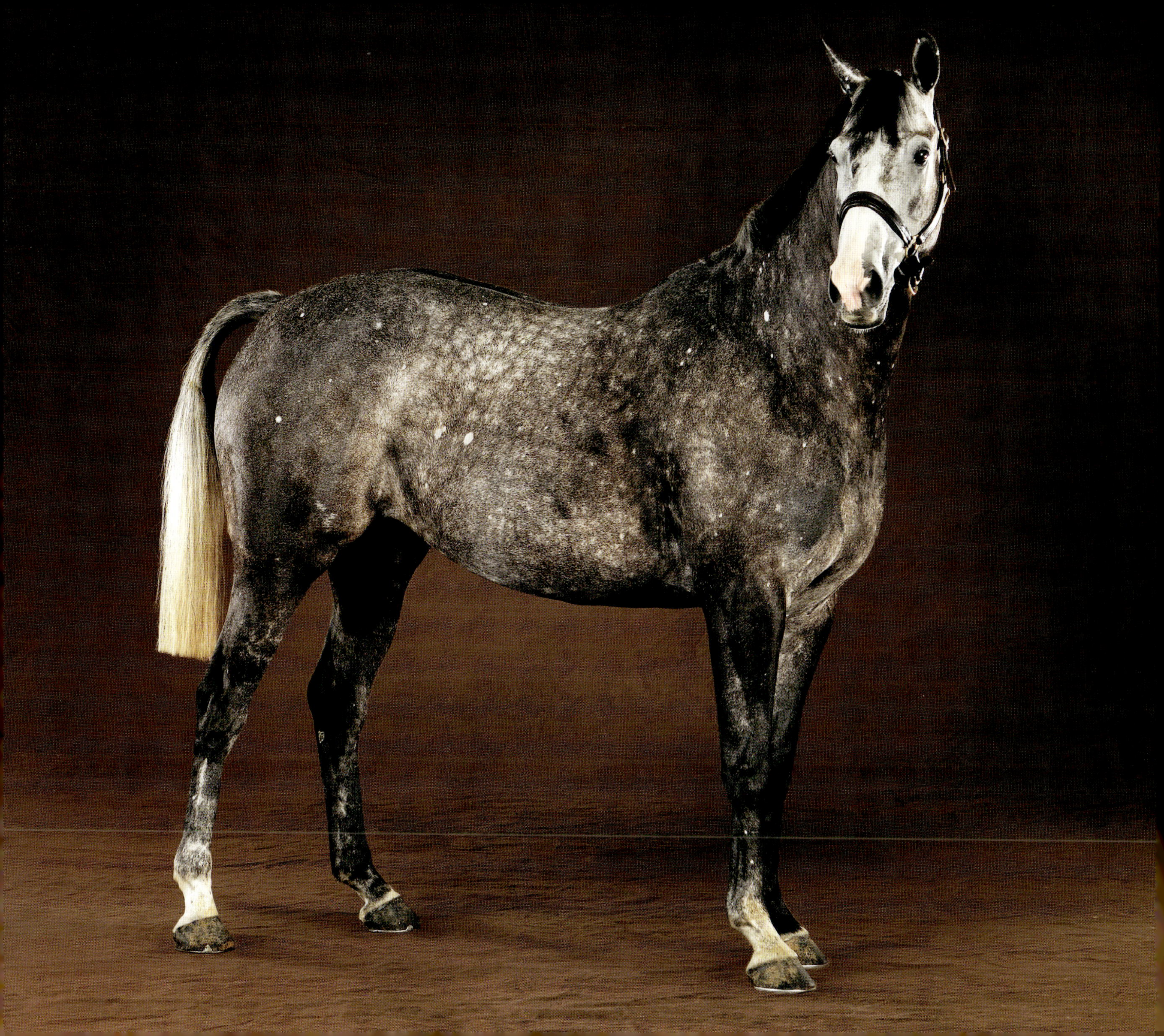

# ブリティッシュ・ライディング・ポニー
## BRITISH RIDING PONY

牝馬

華麗で意表をつく動きをし、また美しい頭部をしているため、ショー・ポニーと呼ばれることもある特徴豊かなタイプです。快活でスター性があり、子供の乗馬用として模範的なマナーを体得していなければなりません。1920年代から1930年代にかけて、ショーで活躍できる資質の高い子供向けの乗用ポニーを求める声が高まり、品種開発されました。

### 特徴
スター性のあるエレガントな容姿で人の目を惹きつけます。馬体はコンパクトで胸は広く、肩が勾配しているため、四肢が流れるように自由に動きます。長い首に支えられた優雅で美しい頭部が高い位置にあります。

### 用途
ショー・リング向きに改良されたポニーで、鞍をつけ、子供騎手を乗せて素晴らしい演技をします。たてがみはしっかりと編み込まれ、尾も編み込みかトリミングされ、カラフルな額紐をつけてもらいます。大人がイン・ハンドで用いることもあります。鋭敏で切れのある飛越ができるため、飛越競技やジュニアの馬場馬術にも向いています。

### 繋がりのある品種
イギリスの在来馬、とりわけウェルシュ・ポニーが、そして適度にダートムアがベースとなっていて、小型のサラブレッドとアラブ、ポロ・ポニーと交配されています。

### サイズ（体高）
以下の3セクションに細別されています。
127センチ未満（12.2ハンド）
127－138センチ（12.2－13.2ハンド）
138－148センチ（13.2－14.2ハンド）

### 原産地＆分布地域
在来馬をベースに改良されたブリティッシュ・ライディング・ポニーですが、今では独自の血統書があり、世界中に輸出されています。

イギリス

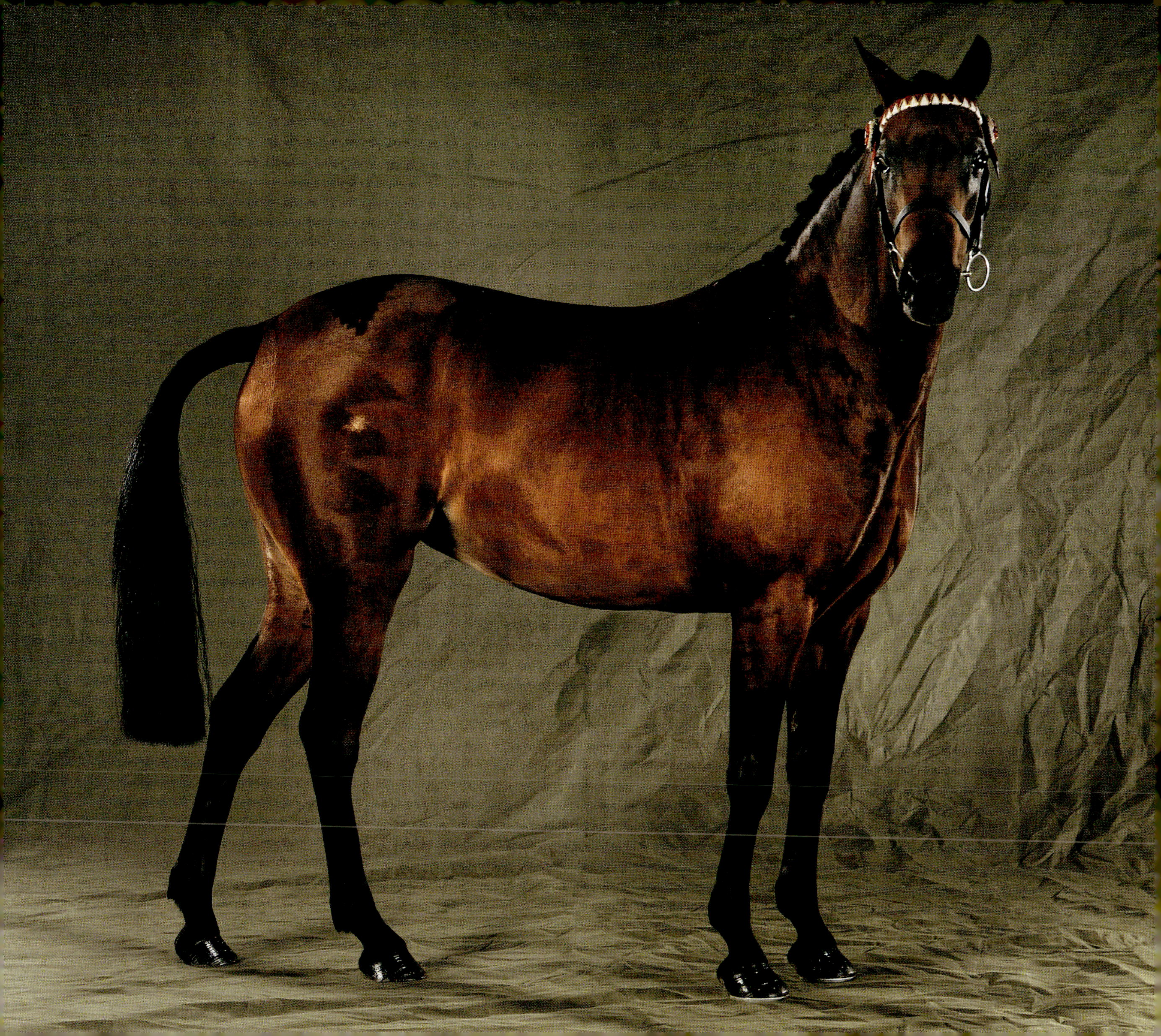

# ウェルシュ・コブ
## WELSH COB
騙馬(せん)

驚くほど膝を高くあげ、パワフルな速歩で知られるウェルシュDタイプのウェルシュ・コブは、典型的なポニーの頭部、油断のない小さな耳、大きな優しい目をしているので、すぐに見分けがつきます。自分の持つ力を巧くコントロールし、やる気と強さを融合させた在来馬という印象です。ショー・リングで肢体をしっかり伸ばして速歩する姿は、息を飲む美しさです。

### 特徴
青毛や栗毛などの濃い単色の毛色が多いですが、単色ならば何色でも認められています。白毛の四肢は華麗な動きを際立たせるので、ショー・リングで人気です。華麗な走りを可能にしているのは、パワフルな後躯(こうく)と、短く頑丈な四肢を前方に押し進める飛節の動きです。たてがみと尾は、たいてい自然のままにしています。

### 用途
ウェルシュ・コブが、速歩レースと農用馬として用いられていたのは、そう遠い昔の話ではありません。現在は、その強さと万能さ、頑健さから、大人向けの乗用や飛越競技用、狩猟用ポニーとして大人気です。体の動きやスタミナと強さから、馬車用としても有能です。

### 繋がりのある品種
フェルとデールズと遺伝上の共通点が多いと考えられ、アラブや東洋系馬の影響を受けています。現在は絶滅してしまっているノーフォーク・ロードスターと近い血縁です。

### サイズ（体高）
牡馬：137.2センチ以上
（13.2ハンド）
牝馬：137.2センチ以上
（13.2ハンド）

### 原産地＆分布地域
ウェルシュ・コブの故郷は、ウェールズの西海岸エリアですが、カーディガンシャーやペンブルックシャー、その他のウェールズの地域でも広く飼育されていました。現在、世界中で飼育されています。

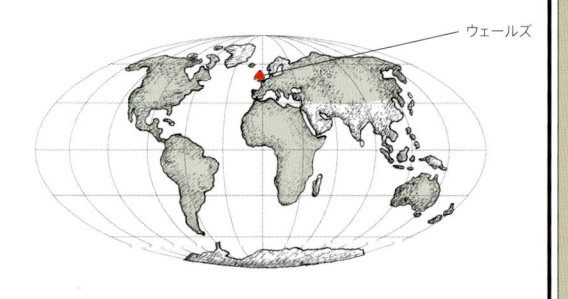

ウェールズ

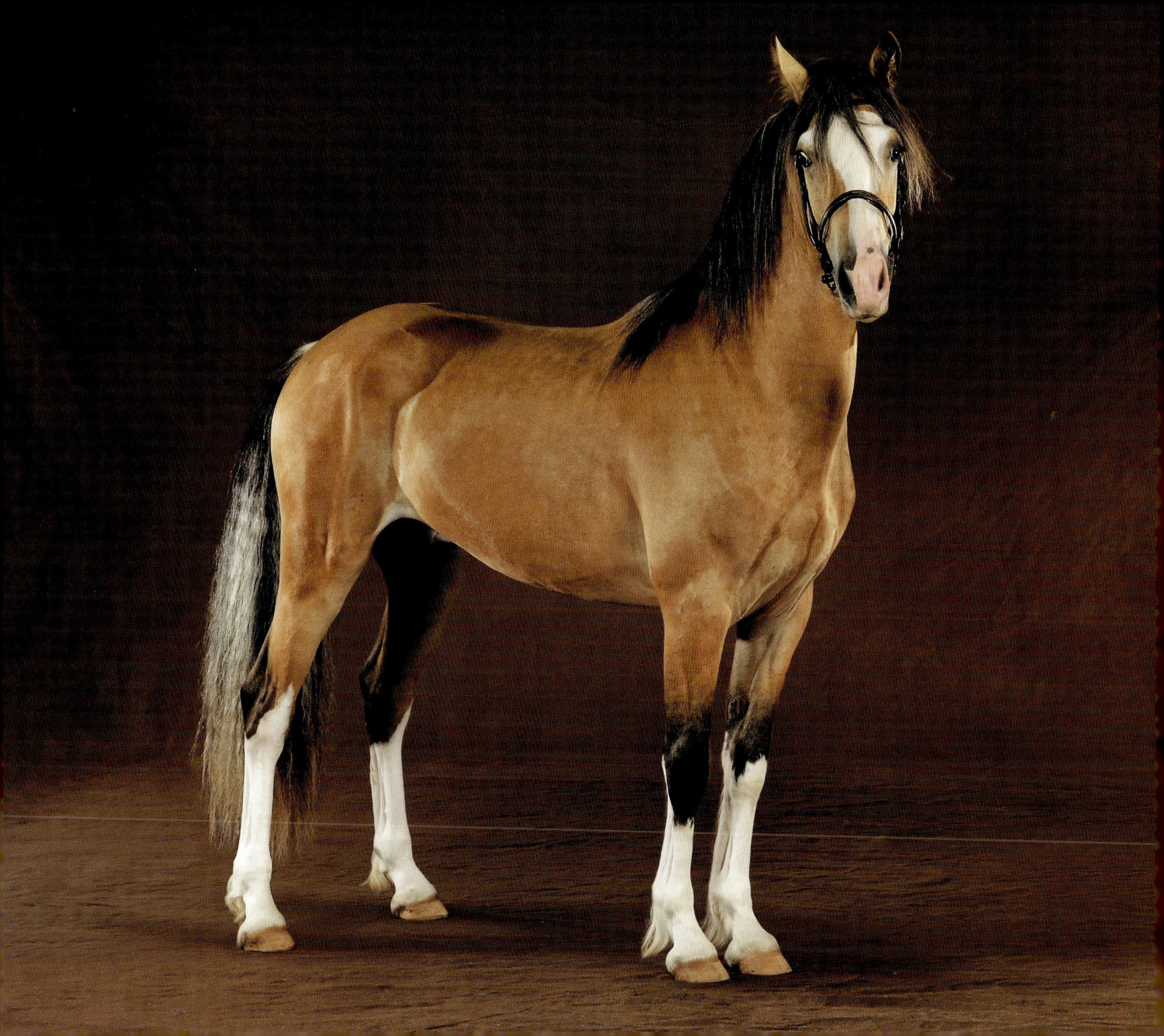

# アイリッシュ・ドラフト
## IRISH DRAUGHT

牝馬

スタミナと飛越力、丈夫な脚、穏やかな気性を兼ね備えたアイリッシュ・ドラフトは、すらりとした四肢を持つ活発な馬です。もともとは農用馬を作るために他の輓馬（ばんば）と交配して作られた品種で、現在は標準化されています。狩猟が広く行われているアイルランドやイギリスでは、狩猟馬として高い人気を維持してきました。競技とイン・ハンドの両方でショー・リングに登場する機会も増えています。

### 特徴
強い馬体、広い胸、パワフルな後躯を強靭な四肢が支えていて、距毛（きょもう）はありません。頭部は美しく、知的な印象です。自由でなめらかな動きで、膝の過剰なあげさげはしません。芦毛を含むさまざまな単色の毛色をしています。

### 用途
もともとは軽量の輓馬（ばんば）として、アイルランドの農場生活の一部を担っていました。狩猟用に改良され、その後、トップクラスの障害飛越馬を創るための交配に使われるようになります。優秀な万能馬で、かなりの体重の大人を乗せることもできます。

### 繋がりのある品種
アイルランドの在来種にスペイン馬が交配されたのが、アイリッシュ・ドラフトのベースで、クライズデールなど、他の輓馬（ばんば）との交配もされています。さらに品種を洗練させるために、サラブレッドとの交配も行われました。右ページの写真はサラブレッドとの交配で生まれた牝馬です。

### サイズ（体高）
牡馬：160－170センチ（15.3－16.3ハンド）
牝馬：155－165センチ（15.1－16.1ハンド）

### 原産地＆分布地域
11世紀、イングランドを征服したノルマン人が、自分たちの馬とアイルランドの在来馬を交配させたのがアイリッシュ・ドラフトの始まりではないかと考えられています。現在は世界中で飼育されています。

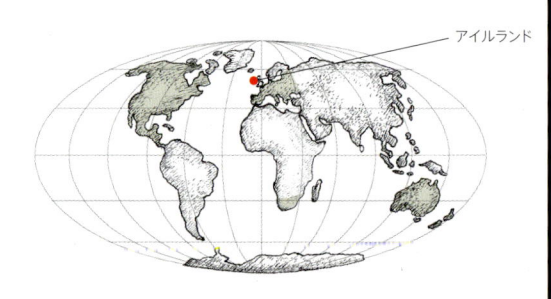

アイルランド

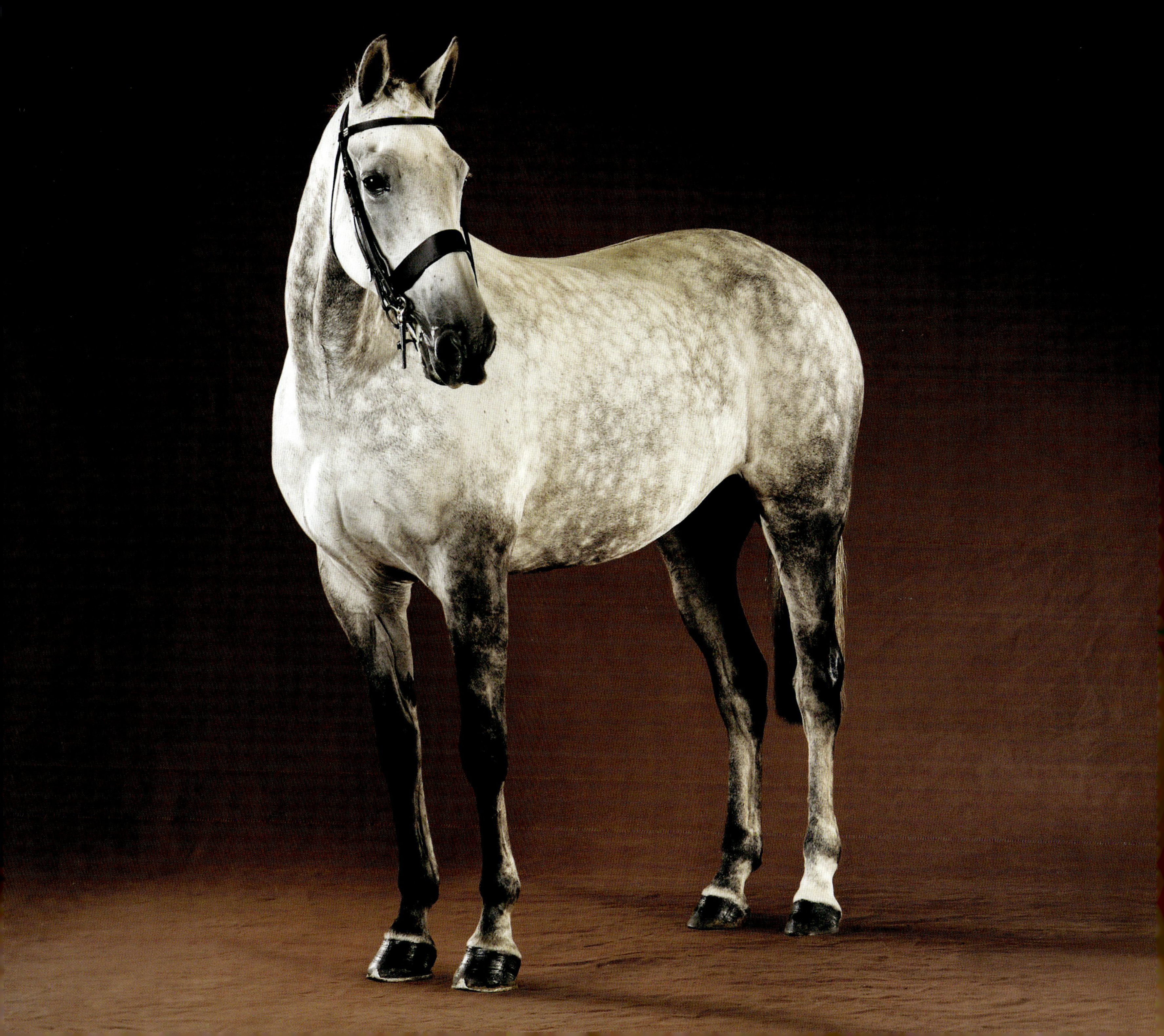

# エクスムア
## EXMOOR
### 騸馬(せん)

ローマ帝国の時代以前から姿形が変わっていないのが、この在来馬のユニークなところです。つまり、エクスムアを観察するということは、2000年前にタイムスリップし、当時の在来馬たちがどんな様子をしているかを見るようなものです。イギリス最古の純血種で、デボン州北西部の荒涼としたエクスムア丘陵地の人里離れた厳しい自然の中で、今も自由に走り回っています。

### 特徴
驚異的なレベルの頑丈さを誇り、ぽったりとしたまぶたで薄い色で縁取りがされたヒキガエルのような目と、粉を振ったような色合いの鼻鏡がトレードマークです。毛色は鹿毛、青鹿毛、河原毛で、脚の先端は黒く、白徴は体のどの部分であろうと一切認められていません。短い四肢は動きが確かで、体のサイズからは想像できないほどの強さを秘めています。

### 用途
エクスムア丘陵地の農家や羊飼いに使われ、乗用馬としてアカシカの狩猟にも活躍しました。現在は、その頑丈さと強い性格から、大人や子供向けの乗用馬として、また馬車用馬として評価されています。飛越が得意でスタミナもあるため、外乗に最適な品種です。ショー・リングでも人気者です。

### 繋がりのある品種
辺境で生息してきたので純血を保っていて、遺伝子を共有する北ヨーロッパ原産の在来馬たちと関連があるだけです。ダートムア、ニュー・フォレストと類似点が多少あり、またアイルランド原産の在来馬と繋がっている可能性もあります。

### サイズ（体高）
牡馬：119－129センチ
　　　（11.3－12.3ハンド）
牝馬：116.8－127センチ
　　　（11.2－12.2ハンド）

### 原産地＆分布地域
ローマ時代以前にケルト人移住者がイギリスに連れてきたと考えられていますが、青銅器時代から既に飼育されていたという説もあります。現在、イギリス全土、ヨーロッパ本土、北アメリカ、スカンジナビア半島で飼育されています。

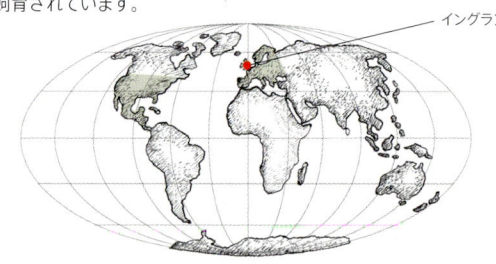

イングランド

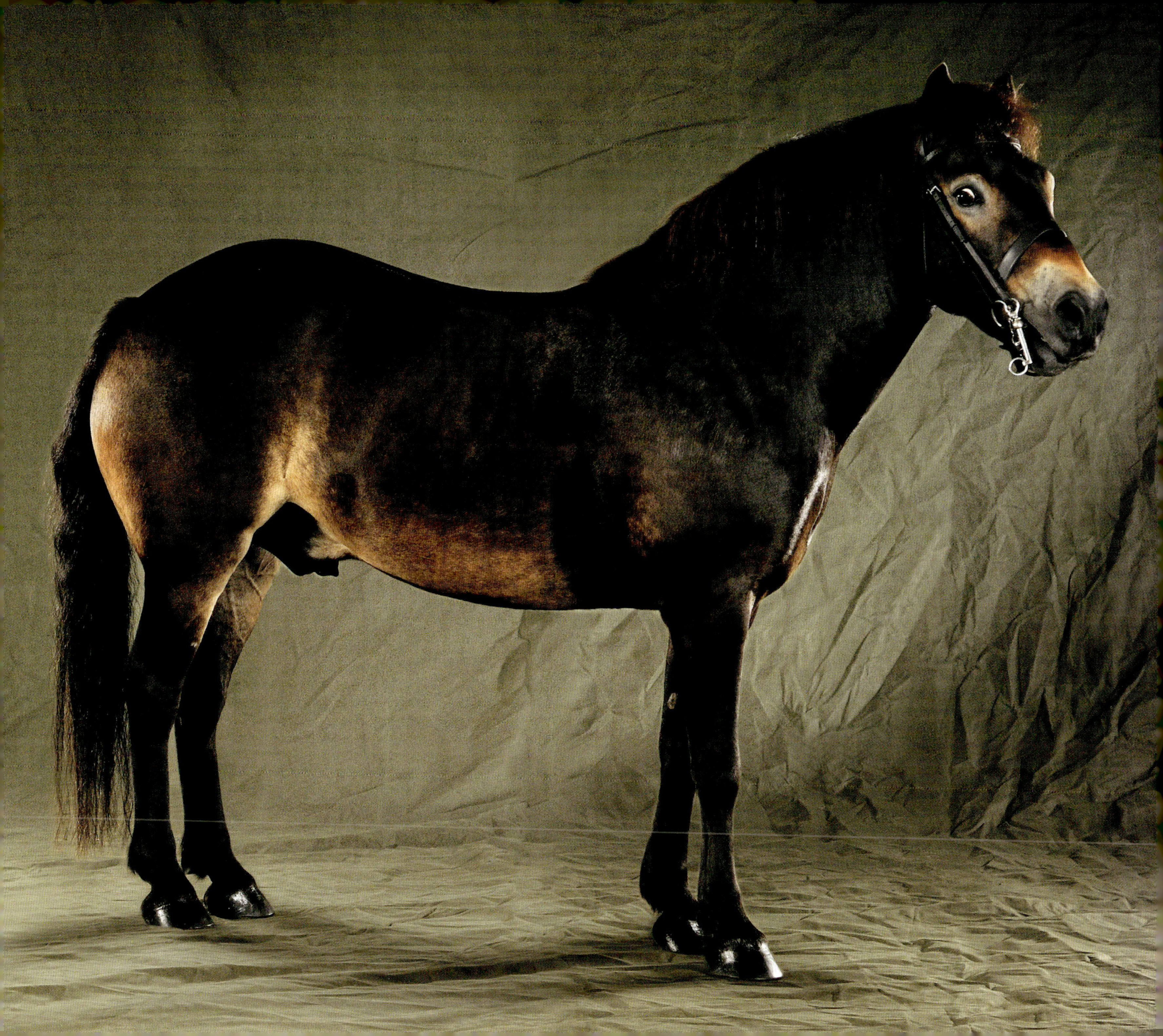

# アイリッシュ・スポーツ・ホース
### IRISH SPORT HORSE
騸馬(せん)

**19**80年代、スポーツ馬の需要が一気に高まり、温血種の育成が盛んに行われました。その結果、誕生したのがアイリッシュ・スポーツ・ホースで、誠実な性格と優れた体型、スタミナを兼ね揃えた理想的な競技用馬です。ベースになっているのは、シンボル的存在の品種アイリッシュ・ドラフトで、アイルランドはトップレベルのスポーツ馬の名産地なのです。

### 特徴
アイリッシュ・ドラフトの力強さと持久力、パワフルな馬体に、サラブレッドのスピードと運動力をかけあわせたのが、アイリッシュ・スポーツ・ホースです。警戒的でチャーミングな頭部は、少々凸型に見えるかもしれません。体の動きはまっすぐで、大げさではなく、のびやかです。

### 用途
名前が示すように、上級を含むすべてのレベルで活躍できるスポーツ馬として改良された品種です。とりわけ飛越力に長けていて、総合馬術と障害飛越に非常に適しています。狩猟用としても人気で、優れた感覚とスタミナから警察馬によく用いられます。かなりの体重の大人も乗せられるため、レジャーの乗用馬としても人気です。

### 繋がりのある品種
アイリッシュ・ドラフト、サラブレッド、コネマラが、この偉大なスポーツ馬の誕生の一端を担っています。

### サイズ（体高）
牡馬：155―170センチ
　　　（15.1―16.3ハンド）
牝馬：155―170センチ
　　　（15.1―16.3ハンド）

### 原産地＆分布地域
品種間の交配からスタートしましたが、今では、アイリッシュ・スポーツ・ホースとして確立した個体同士での繁殖が行われています。競技用として人気が高く、世界中で飼育されています。

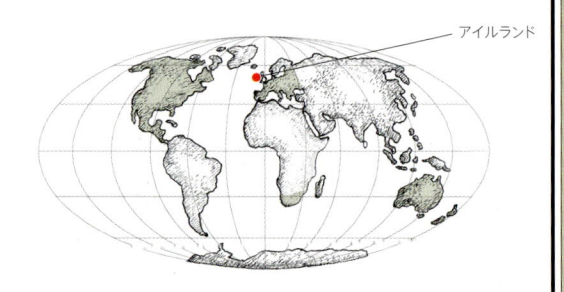

アイルランド

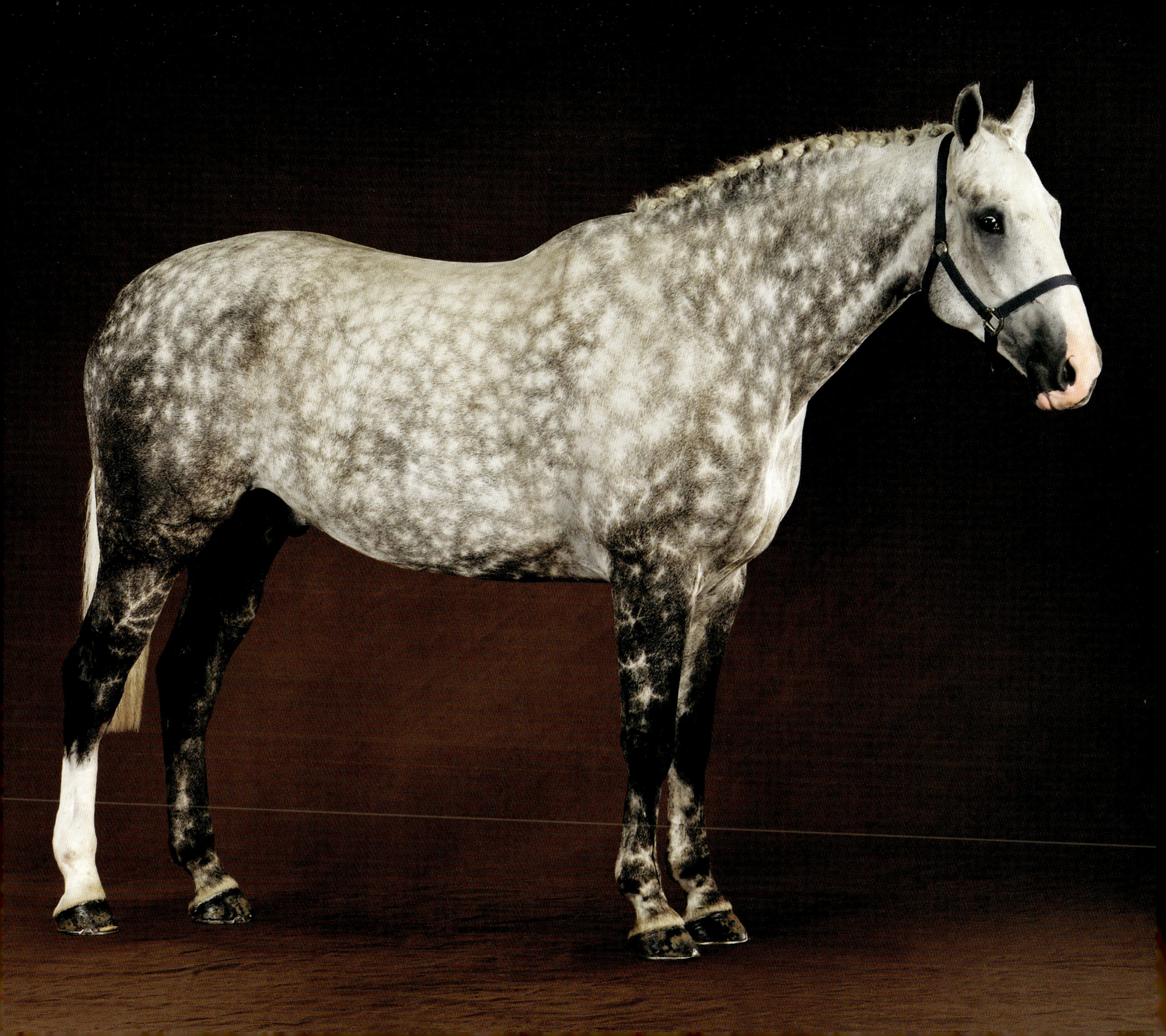

# コントワ
## COMTOIS

牝馬

気だてがよく、調教しやすいコントワは、今でも広く林業で用いられている品種で、車の乗り入れが難しい地域で木材の運搬に活用されています。フランスでよく見られる重種馬で、かつてはフランスとスイスの国境にそびえるジュラ山脈で飼育されていました。現在も丁寧な繁殖と飼育が継続されています。ルイ14世もナポレオンも、騎兵隊と砲兵隊にコントワを使っていました。

### 特徴
胴回りがしっかりとしたパワフルな軽量の輓馬（ばんば）で、やや大きめの頭に小さな耳と賢そうな目がついています。がっしりとした体型で、短く力強い四肢に距毛（きょうもう）はほとんどありません。毛色はさまざまな色合いの栗毛が、鹿毛までグラデーションを深めていて、たっぷりとしたたてがみと尾は亜麻色のものが多く見られます。

### 用途
見事な馬車競技を披露するコントワは、毛色に統一感がある品種なので、2頭立てやチームで用いるのに理想的です。今でも森林地やブドウ畑での作業で使われていますが、適度な体高があるため、乗用にも利用できる万能馬です。

### 繋がりのある品種
19世紀、品種改良計画によって、ペルシュロンやノルマンといった他の輓馬（ばんば）と交配され、また、20世紀初めにはアルデンネが交配に使用されました。

### サイズ（体高）
牡馬：148－163センチ
　　　（14.2－16ハンド）
牝馬：148－163センチ
　　　（14.2－16ハンド）

### 原産地＆分布地域
4世紀にドイツ北部からフランスに持ち込まれた馬が、コントワのルーツだと考えられています。現在は、フランス国外でも人気で、イギリス、その他のヨーロッパ全域で飼育されています。

フランス

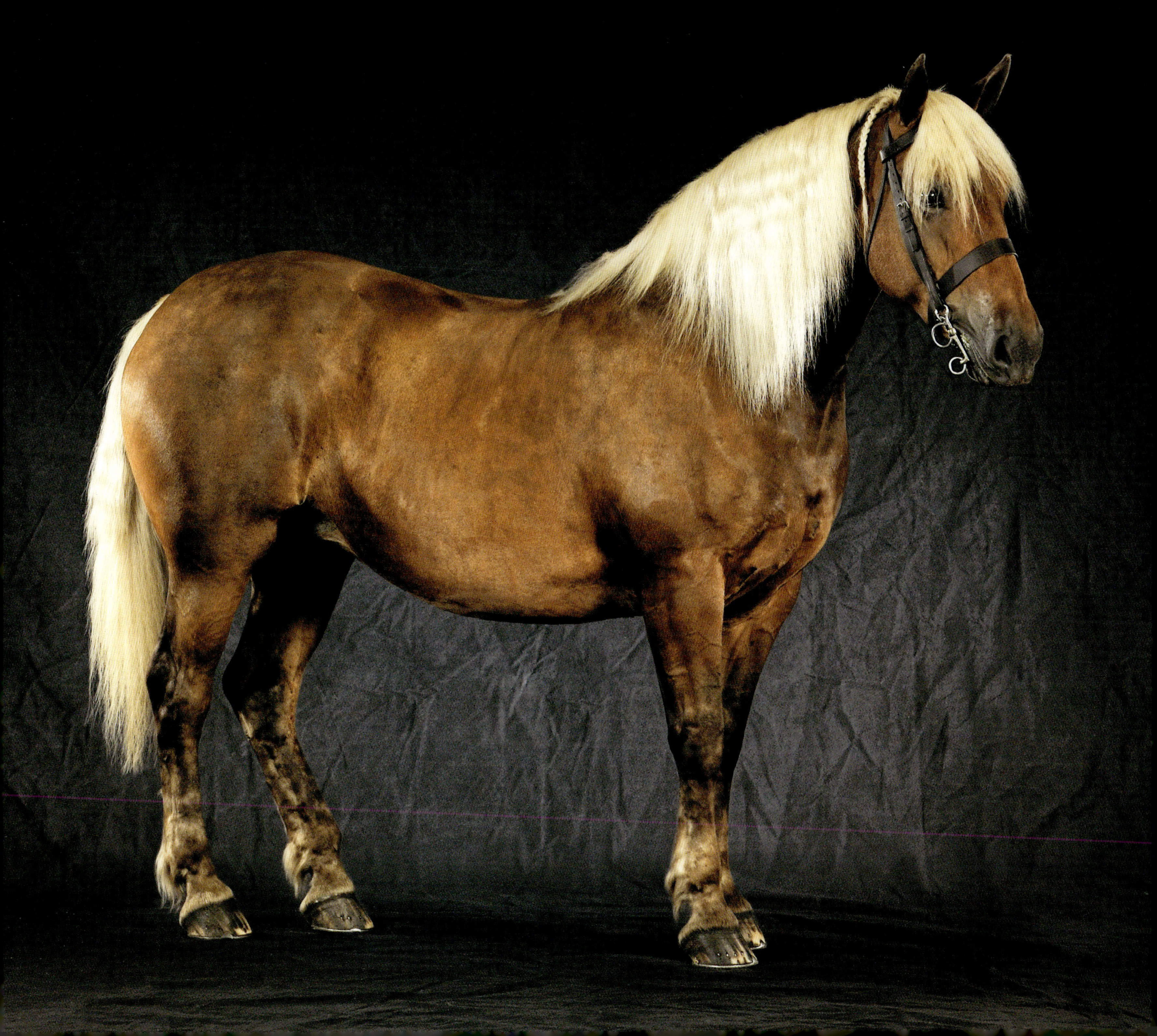

## ブリティッシュ・スポッテド
### BRITISH SPOTTED

牝子馬

トレードマークである斑点入りの毛色に目が惹きつけられます。ミニチュア、ライディング、コブといろいろなタイプがあり、これぞポニーという性質をした良質のポニーです。この斑点は、遠い昔、カモフラージュの役割をしていたのではないかと考えられています。ビクトリア朝時代の絵画に、斑点入りの馬が描かれていることが多く、当時、馬車用馬として尊ばれていたことが分かります。

### 特徴
毛色の模様には、レオパード（右ページ写真）、フュー・スポット・レオパード、ブランケット、モトルド、濃い毛色に白斑点が入ったスノーフレークなどがあります。目の白い強膜、斑点入りの肌（特に唇、鼻鏡、耳）、縦縞入りの蹄などのすべて、あるいはいくつかの特徴を有していると、スポテド・ポニーと認定されます。とてもよい体型と骨格をしていて、ユニークな容姿を申し分ないものにしています。

### 用途
ひときわ目立つ存在のブリティッシュ・スポッテドは、ショーで独自のクラスが設置されていますが、飛越もできる実用的なポニーで、ポニー・クラブの活動や馬車競技、トレッキング、ウエスタン競技など、何でもこなせる万能選手です。

### 繋がりのある品種
ミニチュア・ホースも斑点入りの毛色で生まれてくることがあります。斑点入りの品種は、他にデンマークのナップストラップやアパルーサがあり、遺伝子的な繋がりがあるのかもしれません。

### サイズ（体高）
牡馬：82－148センチ
　　（8－14.2ハンド）
牝馬：82－148センチ
　　（8－14.2ハンド）

### 原産地＆分布地域
斑模様の馬は何世紀にもわたってイギリスで飼育され、エドワード1世がかなりの頭数を飼っていたことが1298年の記録に残っています。現在、イギリス以外にも、ヨーロッパ本土、北アメリカ、オーストラリアなどで飼育されています。

イギリス

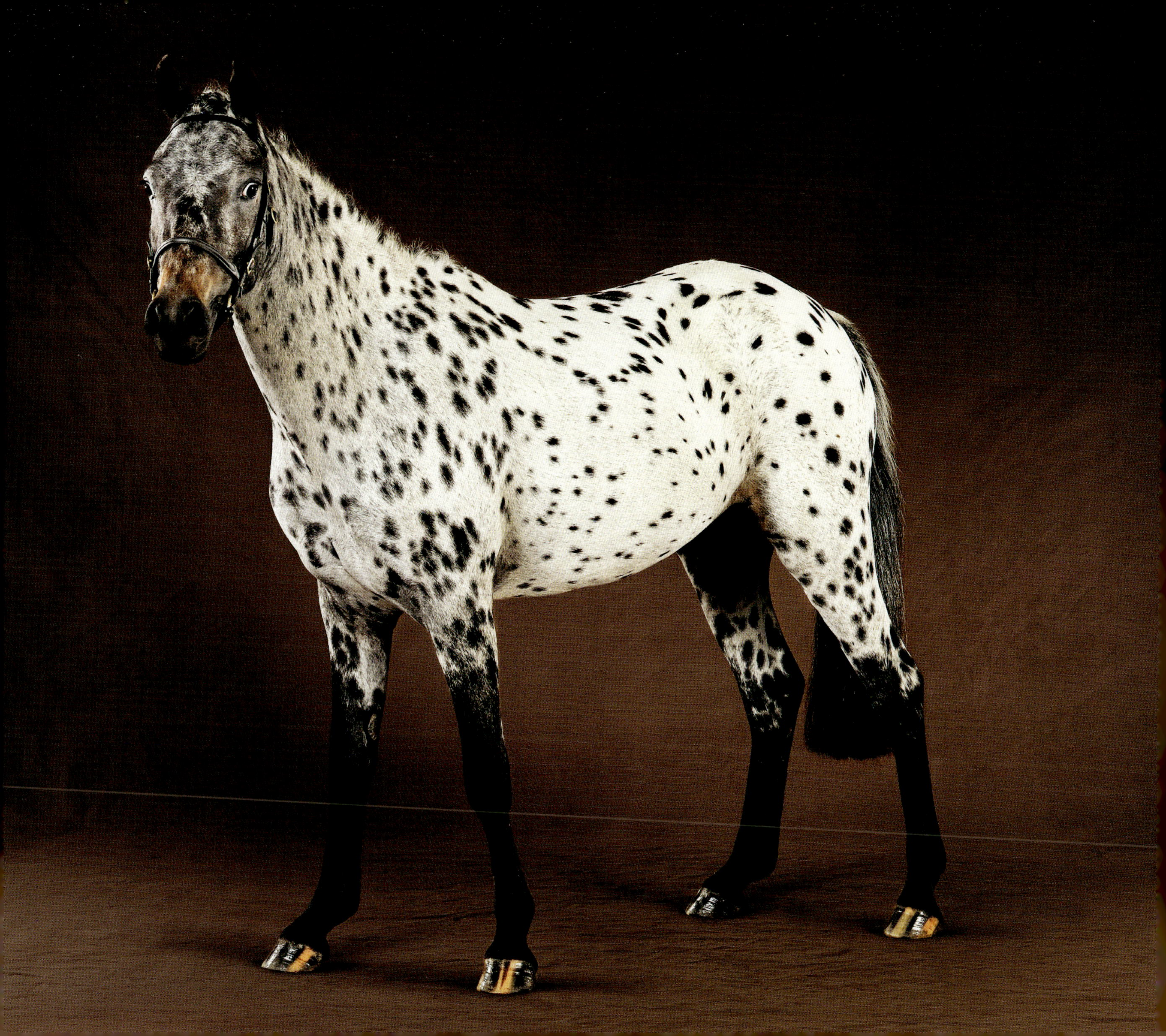

# カナディアン・ベルジアン

CANADIAN BELGIAN

騸馬(せん)

とても大柄な馬で、体高が193センチ（19ハンド）を超えることも珍しくありません。大型の重種馬の開発が求められ、その結果誕生した巨大サイズの品種で、かつては重装備した戦士を乗せていたのかもしれません。非常に馬力のある輓馬(ばんば)で、驚くような重量を引くことができます。落ち着いた気質をしていて、ペアやチームで働いたり、人を乗せたりすることも可能です。

## 特徴

毛色は栗毛や鹿粕毛も多く、たてがみと尾は亜麻色です。頭部は比較的小さく、首は太く筋肉質、肩はがっしりとしています。後躯(こうく)が大きく、短く頑丈な四肢には、距毛(きょもう)が少し生えています。

## 用途

19世紀後半、原産国であるベルギーからアメリカとカナダに輸送され、そのすさまじい牽引力で北アメリカの産業発展に貢献しました。現在は、チームで馬車を引いたり、鞍つきで登場したり、ショー・リングで活躍しています。イン・ハンドで競うこともあります。

## 繋がりのある品種

遠い昔、ベルジアンはイギリスでも、クライズデールやシャイアーなど、重種馬の改良に影響を与えました。

## サイズ（体高）

牡馬：193センチ以上の個体もあり（19ハンド）

牝馬：193センチ以上の個体もあり（19ハンド）

## 原産地＆分布地域

非常に馬力のある重種馬がベルギーで開発され、北アメリカに輸出されました。新天地で少し軽量化され、四肢が長くなったのがカナディアン・ベルジアンです。北アメリカで一番生息数の多い重種馬です。

ベルギー

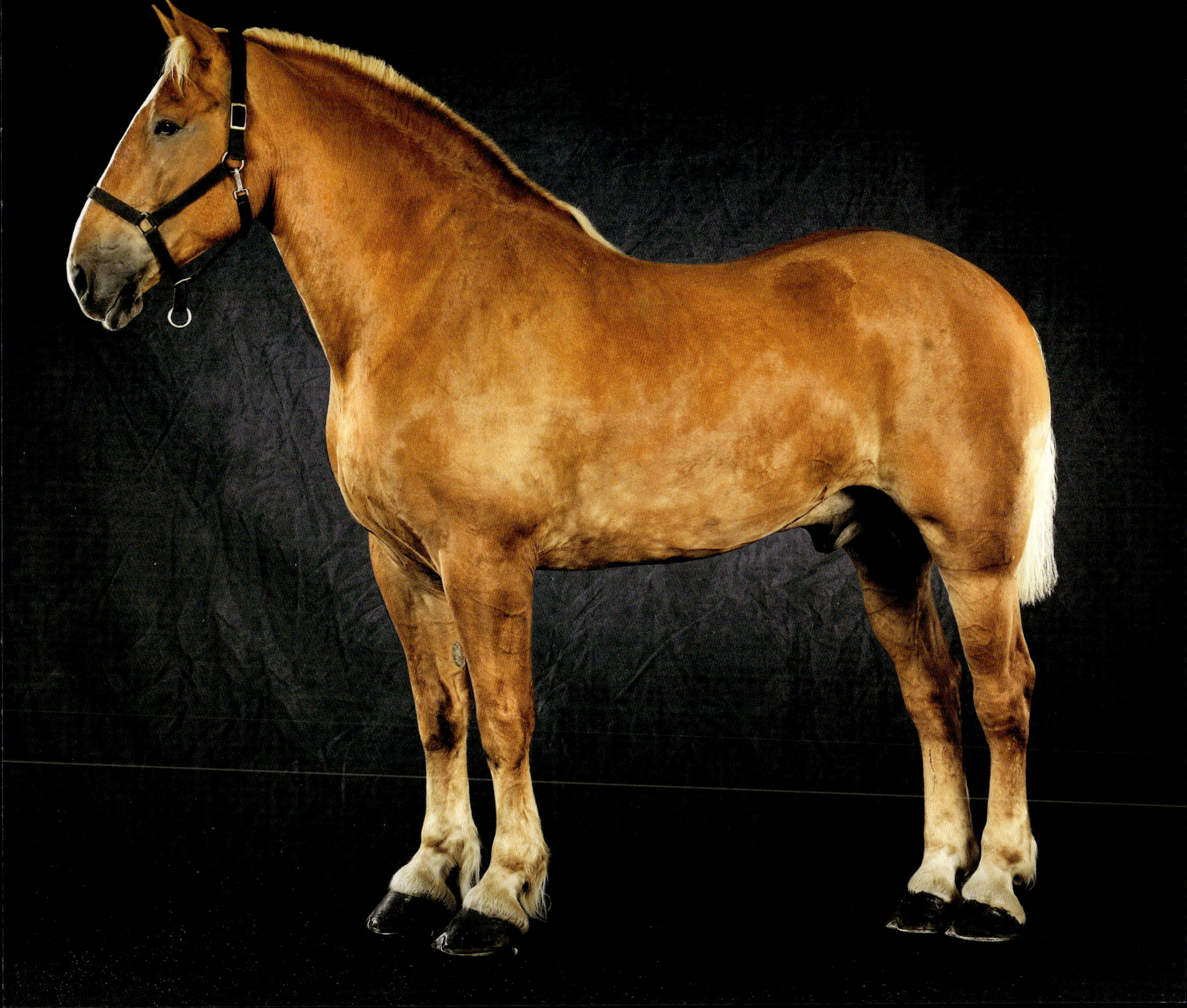

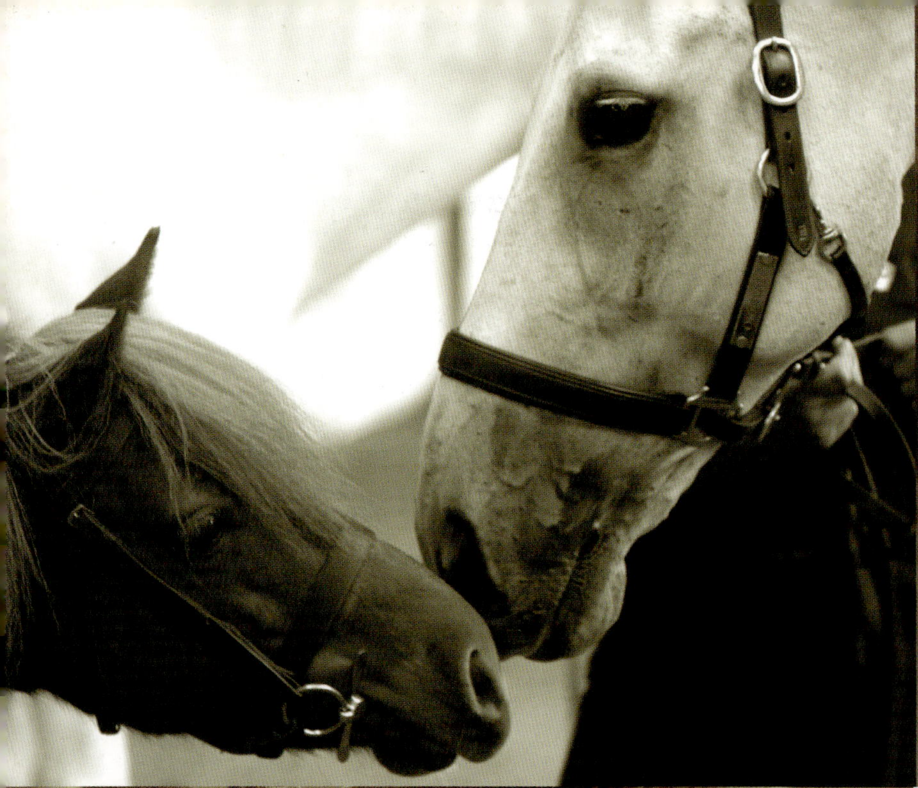
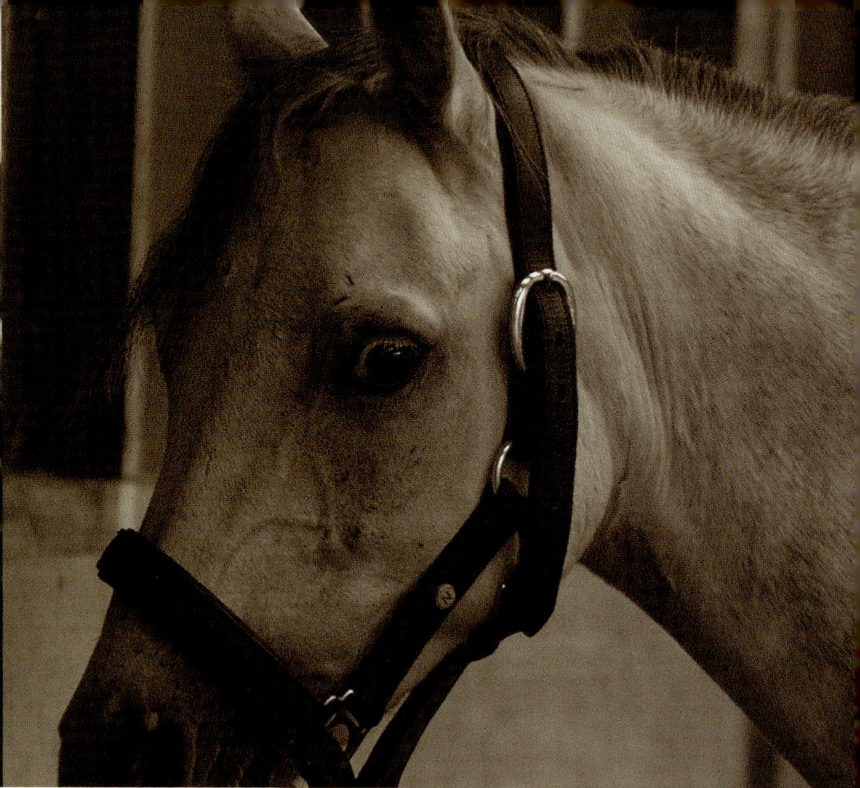
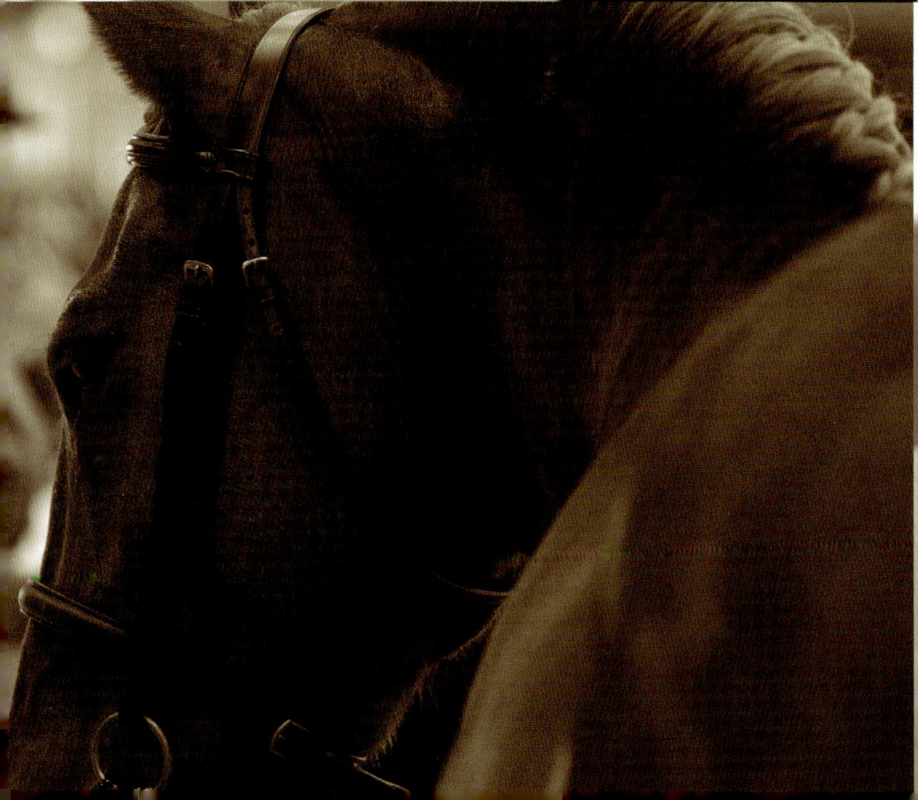
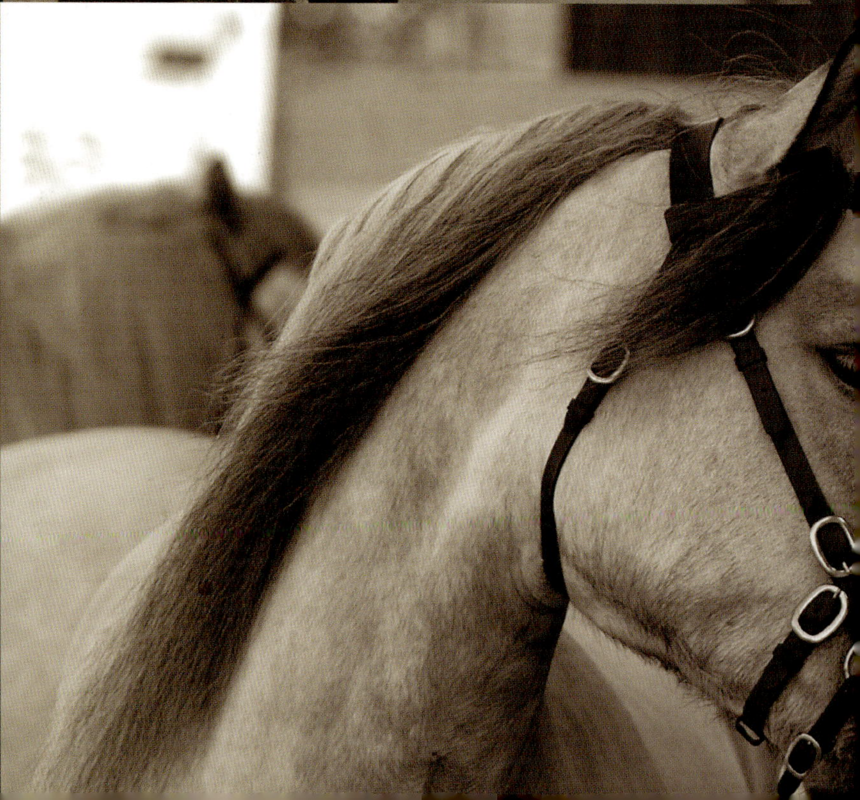

# ルポルタージュ

*Reportage*

---

しっかりと築きあげられた人間と馬のパートナーシップ。これから披露いたしますのは、ホース・ショーの舞台裏で撮影された特別な関係のスナップショットです。完璧な身づくろいで最高の演技を展開する騎手と馬。金賞を狙って、巧みに前へ前へと攻める彼らに、どうぞ拍手のご用意を。

# Equifest

イギリス最大規模の馬術大会、
エクィフェスト

ショーグラウンド
イングランド東部ピーターバラ

足どりじゃなくて、
蹄どり軽くがんばります

さあ、ショーの始まりだ！

集中、集中、集中。
今日は、おふざけ禁止！

ばっちり
決めて
見せましょう

今日のヘアスタイル、
どう？

ボクだったら、
帽子で隠すけど……

大きな少年たち、
満足のいく走りを
一緒にしようぜ

今日は馬力出して、
赤いロゼットを狙うよ

チェックリスト

シャンプー
コンディショナー
リンス
ブラッシング
編み込み
──頭から尾までの
お手入れスケジュール

ふざけるのは、
もうおしまい！

そろそろ出番なんだから

決め手は
スタイリング・ローションと
編み込み方法にあり

ボクのしっぽには、
誰もあんなに
構ってくれないや

ホース・ショーの舞台裏、
ゴミ置き場の風景

飛ぶ勢いの
敏速なスタート！

ジャンプの熟練者、
実演中

勝利！　最強のチームだ！

オイルできれいに
磨いてもらった蹄を
チェックしてね

お手柔らかにお願いしますよ

さっき、削蹄のこと、
ペディキュアだって言ったわよね？

勝つための秘訣、
そっと教えてくれる？

馬があいそうな眼差し

チャーミング・レース
だったら、
絶対に勝てる！

最後のトリをつとめています。
馬のショーだけどね

後脚で、
こんなこと
できる？

そんな踊っている場合じゃ
ないでしょうが

緊張は最高潮に……、
あの大きなロゼットは
誰の手に？

その行き先は……、
厩舎の戸です！

最高の馬に勝利を！

エクィフェストでの
素晴らしい1日でした

## 用語解説

**イブニング・パフォーマンス（Evening performance）**：ホース・ショーのファイナリストが、夜、ライトを浴びながら行う演技。参加者はシルク・ハット、イブニング・ドレスを着用するケースが多く、馬の体に光沢剤を使うこともある。会場に音楽が流れることが多い。

**イン・ハンド（In-hand）**：騎乗ではなく、端綱あるいは馬勒をつけた馬が調教師に引かれて登場するショーのクラス。

**温血種（Warmblood）**：サラブレッドなどのホットブラッド種と、輓馬等の冷血種の交配で作られた馬。馬車用や乗用、近年では競技用に育種されることが多い。

**希少種（Rare breed）**：繁殖可能な牝馬の個体数が少なく、その国の希少品種保護協会の設定基準に当てはまる馬のこと。絶滅寸前種、絶滅危惧種、危急種、準絶滅危惧種、軽度懸念種等の段階がある。

**騎乗クラス（Ridden class）**：馬が騎手を乗せて登場するクラスで、4つの基本歩法の演技をすることが多い。

**去勢馬（Gelding）**：去勢された牡馬。去勢はたいてい生後6か月以降に行われる。

**距毛（Feathers）**：脚の後側に生えている長い毛。膝の後から蹄までふさふさと生えたり、球節の裏側に少量生える程度だったり、品種によりさまざま。

**クオリファイアー（Qualifiers）**：各ショーの中でチャンピオンシップに出場する馬を選び出すために行われる審査のこと。予選。

**コルト（Colt）**：4歳未満の去勢されていない牡馬。

**在来種（Native breed）**：その国固有の馬の品種。フィヨルドやウェルシュ・ポニーなど。

**資質（Quality）**：馬の審査でよく使われる言葉で、慣習的には頭部や馬体にサラブレッドの影響が出ていることを意味する。

**重種馬（Heavy horse）**：重装備した騎士を乗せて戦場に向かうために改良された大型種で、後に農用馬、輓馬として利用されるようになった。

**ショー・ハンター（Show hunter）**：狩猟用に適した馬のタイプの名称。

**審査員（Judge）**：品種協会や団体によって選ばれた見識者で、品種基準あるいはクラス別規定に即して馬を評価する人。

**スコープ（Scope）**：託された役目に対する馬の資質や能力。例えば、飛越のスコープが豊かな馬は、有能だと見なされる。

**ストリップ（Stripped）**：騎乗クラスの馬が演技終了後、鞍を外され、イン・ハンドで審査員に姿勢の評価をされること。

**種牡馬パレード（Stallion parade）**：ショーの中で行われるトップクラスの種牡馬によるパレードで、育種に使いたい種牡馬がいるか、牝馬のオーナーたちが品評する。基本、競争ではないが、プレミアムには賞が贈られる。

**ニー・アクション（Knee action）**：顎の方向に膝を高くあげる、馬の脚の動きのこと。

**馬格（Conformation）**：馬の体格、体勢。それぞれの品種で理想的な標準が設定されている。

**ハンド（Hands, hh）**：馬の体高を測るための単位で、鬐甲から地面まで垂直高を測る。1ハンドは4インチ（10.16センチ）。

**輓馬（Draught horse）**：荷馬車やすきなど、重いものを引くために改良された重種馬。重種馬を参照。

**品種標準（Breed standard）**：特定の品種について、品種協会が定めている基準で、その馬あるいはポニーの理想とされる状態を示している。国によって内容に差異がある。

**プレミアム（Premium）**：卓越した育種動物に与えられる特別賞。懸賞金が贈られることが多く、受賞した個体による育種が奨励される。

**ホットブラッド（Hot blooded）**：馬の分類用語で、サラブレッドとアラブのこと。速さと持久力に長けている。

**歩法（Gaits）**：馬の歩行パターンのことで、常歩、速歩、駈歩、襲歩が基本歩法。

**牝子馬（Filly）**：4歳未満の牝子馬。

**冷血種（Cold blooded）**：馬の分類用語で、ゆっくりとした力仕事に向いている大型の輓馬のこと。

**ロゼッタ（Rosette）**：ショーの受賞者に贈られるバラの花の形をした飾りで、順位によって色が違う。イギリスでは赤が、アメリカでは青が1位に贈られる。

**ワーキング・ハンター（Working hunter）**：審査のプロセスに丸太のフェンスの飛越が含まれているショーのクラス。

## ホース・ショー情報

### イギリス

以前は夏に限定されていましたが、現在は冬期と夏期のチャンピオンシップを中心に1年中ホース・ショーが開かれています。地域の乗馬クラブが主催するショーからトップレベルの競技会までさまざまで、大きなイベントになると参加資格によるクラス分けがされています。数多くの馬の品種が参加する農業展示会でも、多くの場合、同様のクラス分けがされています。

**3–4月:** British Show Pony Society; National Pony Society; Ponies UK Winter Championships; Shire Horse Society Show

**5月:** Royal Windsor Horse Show

**6月:** South of England Show; Three Counties Show; Cheshire County Show; Royal Highland Show; Royal Norfolk Show（すべて農業展示会）

**7月:** Great Yorkshire; Royal Welsh agricultural shows; Royal International Horse Show; Arab Horse National Show

**8月:** Equifest, Peterborough; National Pony Society Summer Championship Show; Ponies UK Summer Championship Show; British Show Pony Society Summer Championship Show; British Skewbald and Piebald Association World of Colour Championships

**9月:** Royal London Horse Show; National Hunter Supreme Championship Show; Royal County of Berkshire Show

**10月:** Welsh National Foal Show; Horse of the Year Show, Birmingham

**11月:** Royal Welsh Winter Agricultural Show

**12月:** Olympia; London International Horse Show

### アイルランド

**8月:** Dublin Horse Show

### オーストラリア

主なイベント

Royal Adelaide Show; Royal Melbourne Show; Perth Royal Show; Royal Launceston Show; Royal Hobart Show

### アメリカ合衆国

主なイベント

The Kentucky State Fair World Championship Horse Show; Scottsdale Arabian Horse Show; The Grand National & World Championship Morgan Show; The US National Arabian & Half-Arabian Championship; Arabian & Half-Arabian Youth National Championship; Lexington Junior League; American Royal National Championship; All American Horse Classic; Hampton Classic; Devon Horse Shows

### カナダ

Can-Am All Breeds Emporium; Royal Winter Fair; Canadian National Arabian Championship

### ヨーロッパ

Lausanne; Herning（デンマーク）; Wiesbaden; Aachen; Young Horse Championships Warendorf; Neumunster; Dortmund（ドイツ）; Hertogenbosch（オランダ）; Malmo; Gothenburg（スウェーデン）; Fontainebleau（フランス）

## 関連協会

### イギリス

**British Equestrian Federation**
Stoneleigh Park, Kenilworth, Warwickshire
CV8 2RH
Telephone 02476 698871
Website www.bef.co.uk
Email info@bef.co.uk

**British Show Pony Society**
124 Green End Road, Sawtry, Huntingdon,
Cambs PE28 5XS
Telephone 01487 831376
Website www.bsps.com
Email info@bsps.com

**British Skewbald and Piebald Association**
Stanley House, Silt Drove, Tipps End, Welney,
Cambs PE14 9SL
Website www.bspaonline.com
Email bspashows@aol.com

**The British Show Horse Association**
Suite 16, Intech House, 34-35 The Cam Centre,
Wilbury Way, Hitchin, Herts SG4 0TW
Telephone 01462 437770
Website www.britishshowhorse.org
Email admin@britishshowhorse.org

**Equifest**
East of England Agricultural Society, East of
England Showground, Peterborough, Cambs
PE2 6XE
Telephone 01733 234451
Website www.equifest.org.uk

**The National Pony Society**
Willingdon House, 7 The Windmills, St Mary's
Close, Turk Street, Alton, Hants GU34 1EF
Telephone 01420 88333
Website www.nationalponysociety.org.uk
Email secretary@nationalponysociety.org.uk

**Ponies (UK)**
Chesham House, 56 Green End Road, Sawtry,
Huntingdon, Cambs PE28 5UY
Telephone 01487 830278
Website www.poniesuk.org
Email info@poniesuk.org

**Sport Horse Breeding of Great Britain**
96 High Street, Edenbridge, Kent, TN8 5AR
Telephone 01732 866277
Website www.sporthorsegb.co.uk
Email office@sporthorsegb.co.uk

### アメリカ合衆国

**United States Equestrian Federation, Inc.**
4047 Iron Works Parkway, Lexington, KY 40511
Telephone (859) 258 2472
Website www.usef.org

**National Show Horse Registry**
P.O. BOX 862, Lewisburg OH 45338
Telephone (937) 962 4336
Website www.nshregistry.org

### カナダ

**Equine Canada**
2685 Queensview Drive, Suite 100, Ottawa,
Ontario, K2B 8K2
Telephone (613) 248 3433
Website www.equinecanada.ca
Email inquiries@equinecanada.ca

### オーストラリア

**Equestrian Australia**
PO Box 673, Sydney Markets, NSW 2129
Telephone (61) 2 8762 7777
Website www.equestrian.org.au
Email info@equestrian.org.au

### ヨーロッパ

**European Equestrian Federation (EEF)**
Av. Houba de Strooper, 156 1020,
Brussels, Belgium
Telephone (351) 968 082 317
Website www.euroequestrian.eu
Email info@euroequestrian.eu

**European Horse Network**
Sweden
Telephone 46 (0) 8 627 21 85
Website www.europeanhorsenetwork.eu
Email info@europeanhorsenetwork.eu

**Fédération Equestre Internationale**
HM King Hussein I Building, Chemin de la
Joliette, 8 1006, Lausanne, Switzerland
Telephone (41) 21 310 47 47
Website www.fei.org

## 参考文献

*British Native Ponies*, Daphne Machin Goodall, Country Life, 1962

*The Handbook of Showing*, Glenda Spooner, London Museum Press, 1968

*A History of British Native Ponies*, Anthony Dent and Daphne Machin Goodall, J. A. Allen, 1988

*Leading the Field: British Native Breeds of Horses and Ponies*, Elwyn Hartley Edwards, Stanley Paul, 1992

*The Life, History and Magic of the Horse*, Donald Braider, Grosset and Dunlap, New York, 1973

*Ponies in the Wild*, Elaine Gill, Whittet Books, 1994

*Shetland Breeds*, Linklater, Alderson, et al, Posterity Press USA, 2003

*The World's Finest Horses and Ponies*, edited by Col Sir Richard Glyn, Harrap, 1971

## 著者より、感謝の言葉

この本を故Glenda Spoonerに捧げます。在来馬についてのGlendaの研究はいつも感動的で私を鼓舞してくれました。それから熱狂的な雌馬アラブのZaraに。私がライターになった理由は、Zaraを飼うための費用を得るためだったのですから。そして種牡馬エクスムアのOdin、ショー・リングでの見事な演技をありがとう。

MickとBuffy、いつも感謝しています。

## Ivy Press出版社より、感謝の言葉

写真撮影のために協力をしてくださった以下の方々に感謝いたします。

Betsy Branyan, Jacqueline Hill, Emily Owen

馬の撮影をさせてくださったオーナー、そしてブリーダーのみなさんに感謝いたします。

アイリッシュ・スポーツ・ホース **Cerys Ford**
アイリッシュ・ドラフト **Katie Garrity**
アパルーサ **Ami Dines**
アメリカン・クォーター・ホース **Caroline Hazell**
アラブ **Clair Cryer**
ウェルシュ・コブ(ウェルシュDタイプ・鹿毛) **Georgina Wilkes**
ウェルシュ・コブ(ウェルシュDタイプ・河原毛) **Richard Albon**
ウェルシュ・ポニー(ウェルシュBタイプ) **Gareth Roberts**
ウェルシュ・マウンテン・ポニー(ウェルシュAタイプ) **Carol Simmons**
エクスムア **Annette Perry**
カナディアン・ベルジアン **David Mouland**
カラード・コブ **Rebecca Williamson**
クライズデール **Andrew Fryer**
クリーブランド・ベイ **Pamela Shipley**
コネマラ **Laura Sheffield**
コントワ **Emma Bailey**
サフォーク **Glen Cass**
サラブレッド **Donna Bamonte**
シェトランド(栗毛) **Victoria Wakefield**
シェトランド(二色毛) **Claire Thompson**
シャイアー **Jodie Locke**
ダートムア **Tania Mizzi**
デールズ **Denise Macleod**
トラディショナル・カラード・コブ **Colin Deane**
ニュー・フォレスト **Jane Walker**
ネイティブ・カラード **Pat Hart**
ハイランド **Jane Murray**
ハノーバー **Ginny Rusher**
ハフリンガー **Sarah Hodges**
ファースト・リデン・ライディング・ポニー **Simone Yule**
フィヨルド **Jade Ward**
フリージアン **Sam Willimont**
ブリティッシュ・ウォームブラッド **Natalie Arnold**
ブリティッシュ・スポッテド **Carolyn Furnel**
ブリティッシュ・ライディング・ポニー **Jenna Tate**
ミニチュア・ホース **Kerry Boon**
モルガン **Mrs T Reeve**
ライディング・ホース **Sofia Scott**
ライトウエイト・コブ **Sam Cook**
レスキュー・ホース **Mrs S.J. Wilson**

## インデックス

### あ行
アイリッシュ・スポーツ・ホース 88, 89
アイリッシュ・ドラフト 84, 85, 88
アイルランド原産の在来馬 86
アジアの野生種 8
アッシリア人 8
アパルーサ 34, 35, 92
アハル・テケ 40
アメリカン・クォーター・ホース 42, 43
アラブ 8, 9, 18, 22, 26, 30, 36, 40, 41, 44, 54, 60, 66, 70, 72, 80, 82
アルデネ 90
アングロ・アラブ 38
アンダルシアン 26, 74
ウェララ 66
ウェルシュ・コブ 12, 32, 56, 62, 64
　種牡馬 72, 73
　騸馬 82, 83
ウェルシュ・ポニー 40, 66, 67, 70, 80
ウェルシュ・マウンテン・ポニー 60, 61, 66
ウォーカルーサ 34
馬の歴史 7, 8, 9
エオヒップス 8
エクスムア 10, 30, 86, 87
エドワード1世 92
オーストラリアン・ポニー 60
オールド・イングリッシュ・カート・ホース（「シャイアー」参照）
オルデンブルグ 56
温血種 9, 38, 40, 54, 74, 88

### か行
家畜化 8
カナディアン・ベルジアン 94, 95
カラード・コブ 62, 63
クライズデール 16, 24, 25, 32, 44, 62, 64, 84, 94
クリーブランド・ベイ 26, 27
グレート・ホース 16
高原型 8
コネマラ 22, 23, 78, 88
コントワ 90, 91

### さ行
サフォーク 20, 21, 52, 58
サラブレッド 7, 9, 18, 22, 26, 30, 38, 39, 40, 54, 66, 70, 74, 78, 80, 84, 88
シェトランド 7, 10, 36, 76
　種牡馬 68, 69
　牝馬 28, 29
シャイアー 16, 17, 24, 56, 62, 64, 94
ショー 9, 10, 30, 38
　準備 12
　審査員 13
　チャンピオンシップ・ショー 7, 11
ジョージ2世 9, 74
食用 8
森林型 8
スペイン馬 22, 34, 42, 56, 74, 84
スポッテド・ポニー 34
草原型 8

### た行
ダートムア 30, 36, 37, 70, 76, 86
タルパン 8
チャップマン・パック・ホース 26
チャンピオンシップ・ショー（「ショー」参照）
ツンドラ在来馬 68
デールズ 30, 32, 33, 44, 56, 62, 64, 72, 82
洞窟の壁画 8
トラケーネン 74
トラディショナル・カラード・コブ 64, 65

### な行
ナップストラップ 34, 92
ニュー・フォレスト 30, 31, 86
ネイティブ・カラード 48, 49
ネズパース族 34
ノーフォーク・ロードスター 82
ノルマン 90

### は行
ハイランド 44, 45
ハクニー 30, 76
ハノーバー 9, 74, 75
ハフリンガー 10, 20, 58, 59
バルブ 26, 36
品種改良 9
品種標準 9, 10, 11, 13
ファースト・リデン・ライディング・ポニー 70, 71
ファラベラ 76
フィヨルド 9, 52, 53, 58
フィリップ王配 26
フェル 32, 56, 62, 64, 72, 82
フランダース 16, 24
フリージアン 16, 32, 56, 57
ブリティッシュ・ウォームブラッド 54, 55, 74
ブリティッシュ・ショー・ハック 38
ブリティッシュ・スポッテド 92, 93
ブリティッシュ・ハンター 38
ブリティッシュ・ライディング・ポニー 38, 60, 66, 70, 80, 81
ペット・セラピー 76
ペルシュロン 44, 90
ポニー・オブ・アメリカ 60, 66, 76
ホルスタイン 9, 74
ポロ・ポニー 66, 70, 80

### ま行
ミニチュア・ホース 76, 77
モウコノウマ 8
モルガン 10, 18, 19

### ら行
ライディング・ホース 38, 78, 79
ライトウエイト・コブ 46, 47
レスキュー・ホース 50, 51
ロマ民族（ジプシー）62, 64

---

世界の美しい馬
チャンピオン馬のポートレートと特長

2015年9月25日 初版第1刷発行

著者　リズ・ライト（©Liz Wright）
発行者　長瀬聡
発行所　株式会社グラフィック社
〒102-0073 東京都千代田区九段北1-14-17
Phone:03-3263-4318　Fax:03-3263-5297
http://www.graphicsha.co.jp
振替：00130-6-114345

日本語版制作スタッフ
監修　小宮輝之
翻訳　石田亜矢子
組版・カバーデザイン　阿部リツコ（ボンジュールデザイン）
編集　鶴留聖代
制作・進行　本木貴子（グラフィック社）

乱丁・落丁はお取り替えいたします。本書掲載の図版・文章の無断掲載・借用・複写を禁じます。本書のコピー、スキャン、デジタル化等の無断複製は著作権法上の例外を除き禁じられています。本書を代行業者等の第三者に依頼してスキャンやデジタル化することは、たとえ個人や家庭内であっても著作権法上認められておりません。
ISBN 978-4-7661-2790-4 C0045　Printed in China

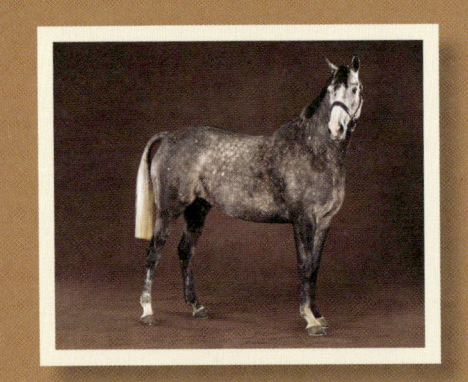

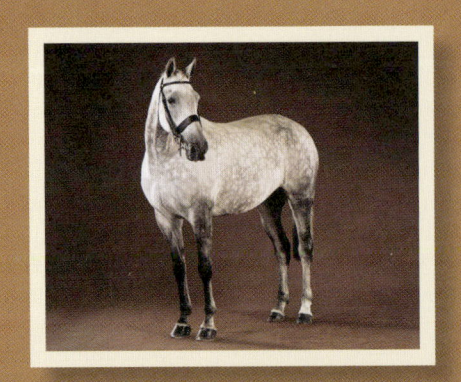